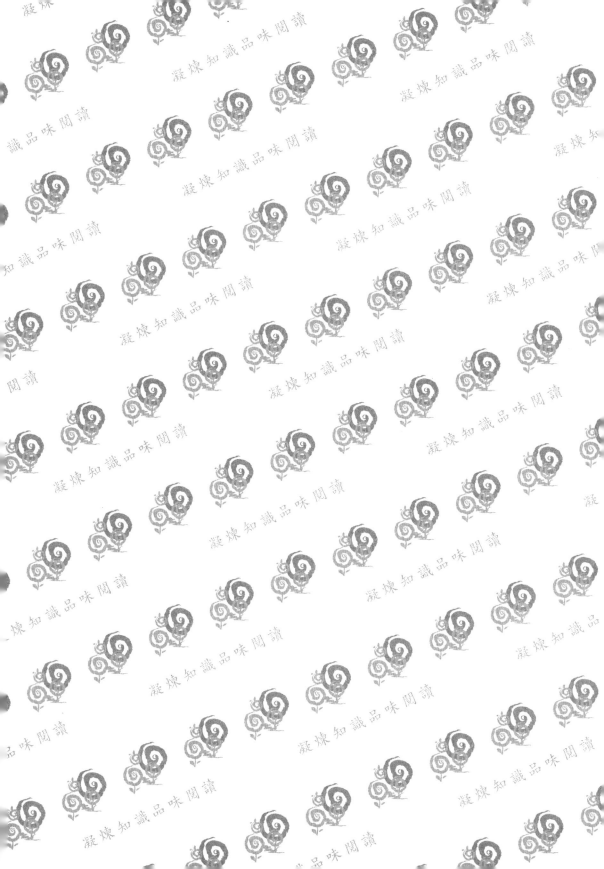

光電系列
Optoelectronic Series

五南出版

光機電產業設備系統設計

李朱育 劉建聖 利定東 洪基彬 蔡裕祥
黃衍任 王雍行 林央正 胡平浩 李炫璋
楊鈞杰 莊傳勝 林敬智 著

本書特色

★ 獲教育部選定，執行「半導體與光電產業先進設備人才培教學資源中心」之計畫。

★ 本書除了詳細的學理知識外，更包含廣泛實務的應用，提供有志於光機電產業的讀者入門之參考。

★ 特別邀請工研院之專家學者們，將其研發經驗及針對實體機台的設計製作等實務經驗，撰寫成相關章節收錄其中。

五南圖書出版公司 印行

序 言

　　我國半導體光電產業經過二十餘年來的發展，已經形成完整的供應鏈體系。在這半導體光電產業鏈中，製程設備與檢測設備是最關鍵的一環。這些設備的性能，關係著生產的成本及品質。雖然我國具有成熟的積體電路與液晶面板技術，對半導體與光電技術也有深厚的基礎，但相較歐美各國大廠，仍稍居劣勢；主要原因是各國大廠具有上下垂直整合的優勢，且掌握了設備關鍵技術與專利。我國半導體廠設備大部份購至國外，欠缺自主能力，使得產業獲利相對稀釋。

　　韓國及中國大陸紛紛投入半導體設備研發，相較之下，我國設備基礎技術及高階系統研發能力不足。在人才缺乏又面臨國外大廠專利封鎖的情況下，使得競爭力處於弱勢，產業未來發展將面臨嚴峻挑戰。因此，「設備本土化」將是臺灣半導體製程設備相關產業發展的重要根基。這也提醒了我們，提高產業的設備自製率、掌控關鍵技術與專利，才能有效降低生產成本，提高國家競爭力。

　　教育部為提升我國產業設備專業素質及國際產業競爭力，近年以「工業基礎技術」及「產業先進設備」等主題，推行一系列人才培育計畫。本系（中央大學機械系）過去曾執行教育部「薄膜太陽能電池設備系統人才培育計畫」，成效卓越，深獲教育部肯定。2009 年起亦獲教育部選定，執行「半導體與光電產業先進設備人才培教學資源中心」計畫，結合元智大學、中原大學、健行科大與大同大學等四校之機械系，形成教學策略聯盟，共同規劃實作及實驗相關課程，建立共同教學實驗室，以及跨領域之「半導體與光電產業設備學程」。為了有效延續教學能量，在人才培育計畫的支持之下，我們將教材資源重新編撰整理，「光機電產業設備系統設計」一書就此誕生。

　　本書內容可分為兩部份，第一部份是由第一章至第六章所組成的基本

I

技術原理介紹，內容包括各種光機電元件的介紹，電氣致動、氣壓致動、各式感應元件與光學影像系統的選配等。第二部份則是由第七章至第十章所組成的光機電實體機台與系統應用，內容包括雷射自動聚焦應用設備，觸控面板圖案蝕刻設備，LED燈具量測系統與積層製造設備等。

本書的編撰人員除學界老師與研究生之外，特別邀請工業研究院的專家學者們，將其研發經驗，尤其針對實體機台的設計製作等實務經驗撰寫成相關章節。本書除了學理也有實務的應用，可供有志於光機電產業的讀者入門參考。

光機電產業設備技術廣泛且不斷創新精進，限於篇幅，本書僅能百裡挑一，未能納入所有的光機電技術與設備。內文雖經多次校閱仍恐有疏漏，尚祈各界見諒，不吝指正。

筆者在此要特別感謝「半導體與光電產業先進設備人才培教學資源中心」的大力支持；感謝中央大學機械系與華夏技術學院機械系老師與研究生，協助資料蒐集整理與編撰；也要感謝工業研究院南分院的專家們，無私的貢獻實務經驗；中央大學機械系光電量測實驗室的研究生，協助打字、製圖與校稿，使本書得以完善；並且感謝五南出版社大力配合，使本書順利出版。

李朱育

中央大學機械系

目 錄

第一章　光機電概論

中央大學機械系　**李朱育** **利定東**
中正大學機械系　**劉建聖**
工業技術研究院　南分院　**洪基彬**

1-1　何謂光機電系統

　　隨著現今科技的快速發展與日新月異的市場變化，消費性產品微小化以及精密化的趨勢，傳統單一學科領域的專業知識已不敷現今市場所需，取而代之的是跨領域的工程技術，光機電技術就是因應時代所需所產生出來跨領域的新時代科技。光機電領域，顧名思義，是指「光電」、「機電」與「光機」三大領域的集合。而光機電系統是指整合光電系統、機電系統與光機系統去控制光波或光子的特性的設備或設備的集合。光機電系統能將俱有某種特性的光線，如能量、色彩、偏振等訊號，傳遞至特定的空間，以完成使用者的需求。圖 1.1 是光機電工程所涵蓋的範圍，包括了基礎的光學、機械、電學等。電學與機械構成了機電領域，光學與機械構成了光機領域，而電學與光學則構成了光電領域。成就一個光機電系統(opto mechatronic system)，必須仰賴各個領域的基礎知識與專精技術。

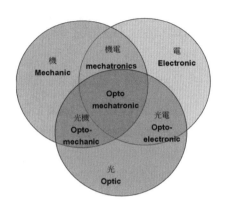

圖 1.1　光機電工程涵蓋範圍

　　機電(mechatronics)系統是指以電子電路的技術去控制機構運動的系統或裝置，例如電動機(或稱馬達)即是以電流透過感應磁場方式趨動轉子旋轉的機電系統。除了電子電路技術之外，通常還需透過控制理論(如自動控制)與程式化來整合機構運動、電力、信號感測與回授控制等技術，達成更精密的運動控制。機電系統的應用範圍相當廣泛，小至微機電系統(MEMS)、光碟機、機器人、汽機車、工具機，大至飛機、太空站等，都可以看到以電驅動元件運動的機電系統。

　　光機(opto-mechanics)系統是指以機械元件或機構來操作光線運動模式的一種系統或裝置，可以說是機電與光電的整合橋梁。舉例來說，顯微鏡即是一個典型的光學系統與機構的整合。光學顯微鏡利用至少兩個光學系統(物鏡和目鏡)來放大物體影像。兩個光學系統的距離必須被精確地控制與調整，才能達到清楚地放大影像。這樣的機構控制技術，可以達到微米的等級，可滿足幾何式的光學系統(如顯微鏡，望遠鏡等)的運作。然而在波動式的光學系統(如光學干涉儀)，特別是雷射發明之後，由於光的波長非常短(屬於奈米等級)，此時微米級的機構控制系統，無法精密地控制光線(或光波)的運行。幸運的是，材料技術的發展，使得以電驅動元件運動的機電系統更為精密。例如壓電材料，透過電壓控制材料長度的漲縮方式，可以精確地控制機構運動在奈米的等級。這也說明了傳統的光機系統或機電系統，漸漸演變成為光機與機電整合的光機電系統。

　　光電(opto-electronic)系統是指以電的技術，如電壓電流控制技術，去操控光線或光波特性的系統或元件。例如典型的電光調制器，他可利用外加電壓的方式，調控光線的相位、偏振態或強度。而以這類光電元件所組成的系統，例如外差干涉儀、曝光機等，則可稱為光電系統。另一方面，由於半導體製程技術與固態電子技術的發展，很多輕、薄、短、小的光電元件因應而生，例如發光二極體、半導體雷射和光感測器等。藉由這些光電元件與機電系統的整合，使得光的操控更為精密快速。

　　將光電、光機與機電三個子系統整合成一個光機電系統，需要跨領域的知識與技術，典型的技術有：感測器技術、機構設計技術、光源技術、光學設計技術、制動器、微處理器、影像辨識、程序控制、人機界面與訊號處理等等。一般而言，需要整合各種技術人才，協調合作，才能成功完成一個光機電系統。

1-2　光機電的基礎元素

　　Hyungsuck Cho 將光機電系統中基礎元素的主要功能和作用大致分為幾個技術領域，包括：照明，感測，致動，資料(訊號)存取，數據傳輸，資料顯示，運算與材料特性的改變等；分述如下。

1-2-1　照明(Illumination)

　　如圖 1.2 所示，照明提供光度輻射能的源頭入射於物體表面上。一般情況下，它產生的各種不同的反射、吸收和透射的特性，是取決於材料的性質和被照射的物體表面特徵。

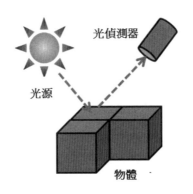

圖 1.2　照明示意圖

1-2-2　感測(Sensation)

　　光學感測提供物理量上的基本訊息,如力、溫度、壓力和應變;在幾何量上,如角度、速度等。這些資訊是藉由各種不同的光學現象,如反射、散射、折射、干涉、繞射等,由光感測器取得。以往這些光感測裝置是由光源、光子感測器和光學元件組成,如透鏡、分束器和光纖,如圖 1.3 所示。近年來,有許多感測器發展成利用光纖的優點來進行各種應用。光學技術在材料科學上也有其貢獻,例如化學成分的組成可由分光光度測定法分析,從感興趣的材料中,透過特徵光譜的光會反射、透射及輻射來辨別。

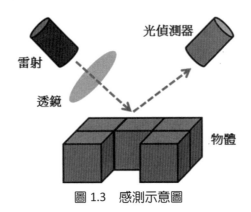

圖 1.3　感測示意圖

1-2-3　致動(Actuation)

　　光可藉由增加材料溫度或影響電子環境，改變材料的物理特性。壓電陶瓷和形狀記憶合金(SMA)的材料，可由光來改變其特性。如圖 1.4 所示，壓電陶瓷是由鐵電材料所組成，藉由加電場的情況下可改變極軸的晶相。在光學的壓電陶瓷中，電場的感應和光的強度是成正比。形狀記憶合金，也被用來做致動器。當形狀記憶合金因光而啟動時，其形狀記憶合金的外表，會因為溫度的增加而改變其記憶中的形狀。換而言之，當形狀記憶合金的溫度降低時，其形狀記憶合金的型態會回復到原始狀態。形狀記憶合金被用在各種不同的致動器、轉換器和記憶的應用上。

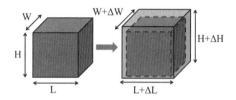

圖 1.4　致動示意圖

1-2-4　資料訊號存取(Data signal storage)

　　數位化的資料是由 0 跟 1 組成，其可存於媒體及讀取光學，如圖 1.5 所示。光學讀取的原理是利用光於紀錄介質的反射的性質改變來做紀錄，也就是說，藉由雷射照光來改變光在媒介中的性質，使數據被刻於媒介，然後以光學讀取器來偵測介質中光反射的特性達到讀取數據的目的。

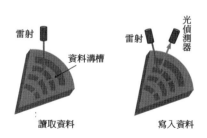

圖 1.5　資料存取示意圖

1-2-5 數據傳輸(Data transmission)

　　由於光本身固有的特性，如高的寬帶和對外界電磁干擾的不滲透性，對於傳輸數據，光是很好的介質。雷射，一種被用於光學通訊的光源，具有其高寬帶和能於一次的時間保持大量訊號。在光學的通訊中，數位化的陣列數據，如文字檔或圖片藉由轉換成光訊號，傳送到另一端的光纖然後解碼成陣列數據。如圖 1.6 所示，光線以內部全反射方式於光纖內部傳輸，光能量的損耗很小，可以傳輸相當遠的距離。

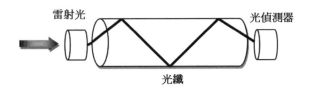

圖 1.6　數據傳輸示意圖

1-2-6 資料顯示(Data display)

　　資料可有效率地藉由視覺訊息，呈現給終端使用者理解。為傳輸給使用者影像或圖形，各種顯示器被用以展現，如陰極管、液晶顯示、發光二極體、電漿顯示等。如圖 1.7 所示，它們皆由像素元素所組成，其像素由三個基礎單元建立，放射紅、綠和藍光。任意顏色，可藉由結合這三種顏色呈現。

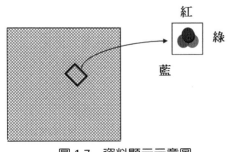

圖 1.7　資料顯示示意圖

1-2-7　運算(Computation)

　　光學運算是藉由在邏輯運算中的開關、閘和正反器來執行，正如同數位電子運算。光學開關是由調幅器所建構，利用光學機械、光學電子、聲光和磁光的技術。光學裝置可切換狀態在約一皮秒，或一十億分之一秒的千分之一內。一個光學邏輯閘閥由光學電晶體建構而成，對於一個光學電腦而言，許多的電路元件是在光學開關旁組裝和聯結，如圖 1.8 所示。在實際執行光計算機時，光校準和波導是兩個主要的問題。

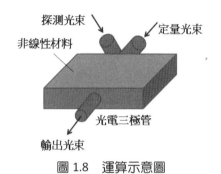

圖 1.8　運算示意圖

1-2-8　材料特性改變(Material property variation)

　　以雷射光束為能量輸入端，利用光學元件將雷射光線聚焦，提升焦點內的的雷射光強度，將使聚焦點上的材料狀態發生改變，如圖 1.9 所示。一般而言，加工方法可分為兩大類：(1)改變材料形狀和(2)改變材料的狀態。

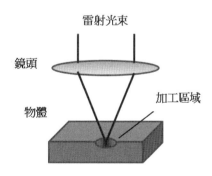

圖 1.9　以雷射光束改變材料特性

1-3 光機電系統之應用：自動光學檢測系統

自動光學檢測(Automatic optical inspection_AOI)系統是指一種以光學非接觸的方式探測待測物資訊的設備或設備的集合，他能夠自動地擷取待測物影像或其他訊息，同時能自動分析所接收到的資訊，判讀並輸出待測物的瑕疵資訊或其他物理訊息。早期產業的品管在成本的考量下，是以抽檢的方式來進行。在待測物數量少的情況下，人工檢測可以滿足品管需求。但人工檢測往往會有以下幾項缺點：人眼易疲勞、人員主觀性強、人員易受干擾、成本高，和速度慢等，當待測物數量大時，這些缺點將更為明顯。相對於人工檢測，自動光學檢測系統在大量的檢測任務中，更能顯出其優勢。近年興起的產業，如電子電路封裝、顯示器、光通訊、平板電腦、太陽能電池等等，均要求百分之百的全檢，自動光學檢測系統更扮演產業興起的重要角色。

自動光學檢測系統必須具有以下四項基本關鍵技術

1. 光學：

光源照明、光學元件與感測器的安排與光學系統設計。光源是自動化光學檢測系統最重要的部份，沒有光源，則整個系統無法工作；沒有適當的照明光源，系統辨識性能也會打折。適當的照明可取得最佳的影像，使得後續的識別程式有較高的鑑別率。光學元件的安排則須考量整個光學系統成像的品質。一般可以利用光學模擬軟體設計出合適的光學系統，以減少像差，增加系統鑑別率。

2. 機構：

承載光學系統與電控系統的機構設計與製造。所有的光電元件，機電元件都需架設在一個適當的機構上，讓光源可以穩定地照明，感測器能夠穩定地接收光訊息或影像。特別是系統中有運動的元件或機構時，整體的機構設計就必須考量運動元件對系統穩定度的影響。

3. 電控：

感測器所接收的類比影像或訊號均需透過影像擷取電路或類比數位

轉換電路轉成數位訊號，以提供後段電腦運算處理。另一方面，整個檢測系統的運作，包括待測物的進出、照明控制、感測訊號擷取等，均需要一套完整的電子電路。另外也須考慮電的干擾問題，特別是高頻元件。

4.　軟體：

當感測器將待測物影像或訊號送進電腦後，就需要一套適當的軟體來處理運算，影像或訊號的運算包括了影像灰階化、二值化、尋邊、尺寸計算、標記、影像分割等；經由影像處理，以判斷待測物瑕疵或其他訊息。

這樣一套「光機電軟體」整合起來的系統，也有人稱為「機器視覺」系統。特別是軟體的加入，就好像加入了大腦，使得光機電系統具有類似人類視覺的判斷能力。上述的光機電軟等技術，可以由圖 1.10 的技術魚骨圖表示。

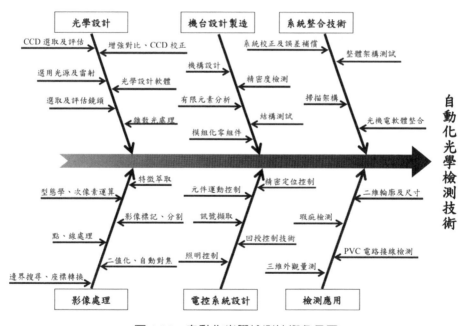

圖 1.10　自動化光學檢測技術魚骨圖

表 1-1 為自動光學檢測系統的應用分類

生產線上的即時產品品質檢測	IC 腳位檢測,電路版檢測,打線(Wire Bond)檢測,球格陣列(BGA)封裝檢測等等。
機械工具	零件外形與尺寸檢測與分類、物件之裝配與加工件之定位、零件瑕疵檢測等。
生物醫學影像檢測	眼球檢測,生物細胞檢測,生物腫瘤檢測,指紋比對等。
遙測	颱風氣象資訊遙測,地表資訊遙測,宇宙太空星體探測等等。
交通運輸	電子收費系統,車牌辨認,飛航防撞系統等。
建築	橋梁等建築物之結構安全監控等。
科學研究	位移檢測,圖像識別、瑕疵分類、形狀量測、熱影像檢測、色澤檢測,微三維量測,三維影像量測,逆向工程等。
日常生活	居家保全之人臉辨識是統,體溫辨識系統等。

自動光學檢測系統應用非常廣泛,表 1-1 為自動光學檢測系統的應用分類。

自動光學檢測系統是一個光機電技術高度整合的系統,除了產業關聯性大、應用域廣泛之外,他更是產品品質的保證,提高了產品的附加價值與競爭力。

1-4 結論

我國產業對自動光學檢測設備等光機電系統的需求越來越多。早期廠商習於直接向外國購買設備,但近年國內光機電設備廠商技術已有逐漸趕上的趨勢。由於國產設備價格較有優勢,因此下游廠商接受國產設備的意願較大,這也鼓舞了國內設備製造商的士氣。但值得注意的是,這種跨領域的技術整合的系統需要多方面的人才,而這正是設備製造商目前所欠缺的。幸運的是,政府已意識到這一點,因此積極推動產業設備技術人才培養計畫，培育具有創新創造能力，系統設計實作分析、與跨領域技術整合的專業人才，作為國內設備製造商的研發後盾。

參考文獻

1. Hyungsuck Cho, "Opto-Mechatronic Systems Handbook-Techniques and Applications", CRC press, 2002

2. 王世杰、王安邦等編著，光機電系統整合概論，國家實驗研究院儀器科技研究中心，2005

3. 范光照，精密量測，高立圖書，2005

4. 楊善國，感測與量度工程，全華圖書，2004

5. 國科會精密儀器中心，光機電系統整合概論，全華圖書，2005

6. 劉雙峰，光機電系統概論，北京理工大學出版社，2007

7. 范光照，自動化光學檢測特別報導，量測資訊 (104)，工業研究院量測技術發展中心，2005

8. 郭培源，光電檢測技術與應用，北京航空航天大學出版社，2011

第二章　光機電元件介紹

中央大學機械系 **李朱育**

　　在現今科技發達的時代，以往傳統的單一技術領域已不存在。取而代之的是各個領域融合的新技術，光機電就是符合時代趨勢的產物，是一個含光、機、電三大領域的融合體。光機電領域雖說是新領域，但已有很多光機電相關產品存在。本章將介紹目前市面上常見或者工廠常用的技術，內容有光電元件、光機設計，以及電動機，和簡略介紹相關理論，讓有興趣加入光機電領域的人能夠有初步的認識。

2-1　光電元件

　　本節將介紹幾項常見的光電元件，包括發光二極體，液晶顯示器，太陽能電池。另外，光電感測元件將在第四章介紹。

2-1-1　發光二極體(LED)

　　發光二極體(Light Emitting Diode，LED)是藉由電致發光效應來產生光的半導體元件。這幾年發光二極體產業發展非常迅速，以台灣來說，從大型的如：顯示看板、交通號誌、煞車燈，小型的如：手機開機指示燈、螢幕背光源、檯燈、及小夜燈等，都已逐漸由 LED 取代傳統光源。台灣也因這產業的興盛而在國際上有了一個 LED 王國的稱號。除了以上的應用外，照明市場是目前最大的商機。根據經濟部統計，台灣每年總用電的 16% 是照明用電。若將所有燈具換為 LED，估計可省下 1 座核電廠的發電量。

1. LED 原理：

電致發光效應是一種能將電能轉成光能的現象，LED 即利用此效應來發光。半導體中若滲入了三價原子，則形成 P 型半導體;相反的，若滲入了五價原子，則形成 N 型半導體。將 P 型與 N 型半導體接合後，因能階差異而形成有內建電場的 P-N 接面。若施以順向電壓， P 型半導體的電洞與 N 型半導體的電子會往 P-N 接面移動，電子與電洞在接面空乏層接合時，釋放出的能量將以光的形式展現出來。LED 光線的顏色與電子電洞能階有關，兩者能階相差越大，釋放出的光能量越高，光頻率也越高，光波長就偏短，顏色就偏綠偏藍。能階的差異可由半導體材料來決定，也可以由取材料間的混合比例來調整。

2. LED 種類：

如前述所言，不同材料混合，可以讓 LED 會發出不同顏色的可見光，也發出非可見光(例如紅外與紫外光)。二極晶圓製造過程中，參雜的金屬元素與濃度不同，可改變 LED 能隙，發出不同波長之光。常見的波長為藍光(0.47μm)、綠光(0.53μm)、黃光(0.57μm)和紅光(0.63μm)。其中發出藍綠光所需的特殊金屬，需磊晶在藍寶石基板上，然而藍寶石基板有晶格不匹配之問題，且價格不低。因此其成本及製程技術的要求較高。常見的 LED 材料如下表 2-1 所示：

表 2-1 常見的 LED 材料

材料	發光顏色	應用
GaAsP	紅橙黃三色光	常應用於家電、汽車儀表、活動看板
AlGaAs	紅光	發光效率高，常應用於交通號誌與警示燈
AlGaInP	黃綠光	適合人眼視覺，常應用於儀器開關指示，車內燈源，儀表等
SiC	藍光	波長短，聚焦光點小，可提高資料存儲密度
ZnSe	藍光	配合紅綠光 LED，可作成全彩化的顯示器

2-1-2　液晶顯示器

　　液晶顯示器 (Liquid Crystal Display, LCD)，是一種由一定數量的彩色或黑白圖元所組成的平面顯示裝置，置於光源或者反射面前方。透過偏振光的控制，產生影像。液晶顯示器具有輕薄化、低輻射污染、低耗能等優點，而其製程又可相容於半導體製程，因此短短數十年間，就成為顯示器的主流。

1.　液晶顯示器的基本原理：

　　液晶顯示器中最基本的元素是在配向後的兩片玻璃板之間灌入液晶分子，然後再將此元素置於正交的兩偏振片中，形成一個影像單元。利用液晶的光電與偏光效應來來控制通過光線的強弱。由於液晶分子排列方向與外加電場作用強度有關，而穿過液晶層光線的偏振態又與分子排列方向有關，因此可藉由外加電壓來控制光線的透射或遮蔽，配合電源關開產生明暗現象以顯示出影像來。加上彩色濾光片，則可顯示彩色影像。以下介紹三種常見的液晶顯示器。

2.　液晶顯示器種類：

(1)　扭曲向列型液晶顯示器(Twisted Nematic Liquid crystal display)

　　也稱為 TN 顯示器。基本構造如圖 2.1 所表示，是由兩片玻璃板夾著向列型液晶而成。在兩片玻璃板的表面上鍍上透明導電薄膜電極與表面配向劑。在電極未有電壓驅動時，夾層中的液晶分子將順著配向方向來排列，也就是由上方玻璃配向的方向，逐漸旋轉至 90 度，最後平行於下方玻璃的配向。因此稱之為扭曲型液晶顯示器。在此情況下(a 圖)，液晶方向的旋轉，也使得入射光線的偏振態旋轉了 90 度，進而通過下方偏振片，形成亮點。相反地，在足夠的外加電壓作用下(b 圖)，液晶分子的方向將平行於外加電場，光線的偏振態不會旋轉，因而被下方偏振片阻擋，產生暗點。利用外加電壓可控制光點的明暗，使螢幕上有明、灰與暗的光點強度顯示。

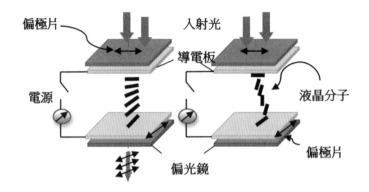

(a)偏振態旋轉 90 度　　　(b)液晶排列方向平行電場方向

圖 2.1　扭曲向列型液晶顯示器

(2)　薄膜電晶體型(Thin Film Transistor)

薄膜電晶體型，亦稱 TFT 型液晶顯示器。其構造是利用兩玻璃板間注入液晶分子的方式。左右玻璃板的電極分別為場效應電晶體(field-effect transistor，　FET)電極與共通電極。TFT 以背透式照射光源，類似在液晶的背部設置 LED 做為光源。光源照射時，藉由液晶分子來傳導光線，由右邊偏振片向左側射出。當 FET 電極導通時，TFT 型液晶顯示器之液晶分子的排列狀態也會發生改變，所以同樣可利用遮光與透光來進行顯示。另外，FET 電極具有電容效應，在 FET 電極下次充電之前，先前透光的液晶分子能一直保持電位狀態，不改變其排列方向。相對於 TN 型液晶顯示器，一旦液晶分子沒有被施壓，其排列狀態就會返回原始狀態，這也是 TFT 液晶和 TN 液晶顯示原理最大的差別。

(3)　超扭轉向列型(Super Twisted Nematic)

超扭轉向列型顯示器，也稱 STN 型液晶顯示器。STN 型液晶顯示器構造同 TN 型顯示器。STN 型液晶顯示器其液晶分子扭轉角度不同，另外在玻璃板的配向層中留有預傾角度做配向處理，增加液晶分子與基板表面初始的傾斜角(Pretilt angle)，更在液晶中加入微量膽石醇(cholesteric)液晶,提升液晶旋轉角度,可達 80~270 度,遠大於 TN 的旋轉角度,使 STN 顯示器的對比度優於 TN 顯示器。

2-1-3　太陽電池

　　從工業革命後至今,全球能源短缺與環境污染問題與日俱增。近年來,再生能源成為全世界得焦點,希望可藉由再生能源,改變人類對能源的使用方式,來達到永續發展的理想。太陽是人類與地球生生不息的能源根本,也是生命的泉源。太陽照射到地球上一天的能源,足夠人類使用一年。若能有效利用這種碩大的永續能源,則可減少化石燃料的使用,減少碳的排放,進而減緩地球暖化。

　　太陽能的利用大致可分為太陽熱能與太陽電能兩類。例如太陽能熱水器即是典型的太陽熱能應用;他是利用太陽光將水加溫,再儲蓄於保溫裝置中。而太陽能電池則是典型的太陽電能應用;他是利用半導體元件,將光能轉換成電壓或電流,在推動電氣產品工作。以下將介紹太陽能電池的工作原理。

太陽電池的原理:

　　圖 2.2 是一典型的半導體能態示意圖,可分為價帶、禁帶與導帶。價帶與導帶兩者之間的能量差距(也就是禁帶的寬度)稱做能隙(energy gap)。當入射光子的能量大於能隙時,電子吸收光子能量,從價帶躍遷至導帶,且在價帶中產生一個電洞。稱此為光伏打效應。

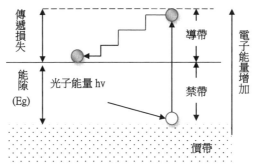

圖 2.2　半導體的電子能態與光子吸收示意圖

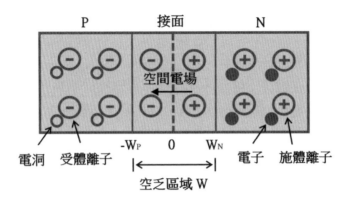

圖 2.3　P-N 接面的空乏區與空間電場

　　一般半導體太陽電池，基本上為 P－N 接面的二極體架構，如圖 2.3。在 N 型半導體中，電子數大於電洞，P 型半導體則相反。於 PN 接面處，使電子從 N 區向 P 區擴散，形成所謂的空乏區 (depletion zone)。由於空乏區域中的正負電荷，會形成內建電場由 N 區指向 P 區。當入射的光子的能量大於能隙(Eg)時，於空發區會產生電子電洞對。若於適當的地方，接上電極將電子導出，就是所謂的太陽電池。太陽能電池於發電的過程中，只吸收光子 Eg 的能量，其餘的能量於傳遞中損失。所以如何提升太陽能電池的效率，與材料的能隙有關。總而言之，能隙越高，則能量的損失越小。若能隙太高，在太陽光譜中，低能量的光子產生光電效應，使得效率降低。對於單接面的太陽電池而言，選擇最適合的材料，可以最佳化太陽電池的效率。以上簡單理論來闡明太陽能電池的原理，太陽能電池的設計，於實際情況更加的複雜。目前現今的太陽電池，有許多的種類以及設計，都提升原始太陽電池的效率，但能須努力才能使這項技術更完備。

2-2　光機元件

這節我們討論光學機械設計(opto-mechanical design)。光機設計為機械結構於光學系統上的設計，而此光學系統與機械結構皆可稱為光學機械。在光機電系統中，有時會看到純粹的機械結構，但它們是為了使光機電系統正常運作，因此也是屬於光學機械。光機電裝置中的光源波長很小，僅在數微米甚至奈米之間，因此光學機械的精密度要很高，才能有效控制光線。光學機械需要考慮五點原則:(1)降低裝配應力和避免反射面扭曲(2)將支配力分散至其他結構，以維持精度(3)降低熱變形情況(4)加速與衝撞情況要能緩衝(5)提供調整功能。也因此光學機械的研磨工藝、材料、與裝配進行都需要相當講究。因此光學機械設計師不僅需要有豐厚的專業知識，還要有光學及其他相關學科知識才行。

2-2-1　元件在運動學上的考慮

對於運動中的一個物體，我們假設此物體內部質點距離在運動過程中保持不變，則可視此物體為剛體。當剛體運動時，獨立座標參數的數目，稱為是自由度。於卡氏座標中的剛體，可有三個平移量與三個旋轉量，所以共有六個自由度。而對於一個系統來說，可簡化為多個剛體，且彼此以連桿的方式連接。當兩個連桿彼此接觸時，運動會受到限制，此時下降的自由度稱為拘束度。

若要固定剛體，則需要六個拘束度。換句話說，如果希望光學元件或者相關儀器能非常緊固，則需要 6 個拘束度。但這過程中，也必須考量光學元件因為這拘束力，所產生的變形，進而影響光學品質結果。因此在光機設計中，運動學的自由度與拘束度是一項重要的考慮因素。

光學元件裝配方法目前多是採用動態裝配原則(Kinematic Mount)。動態裝配法具有以下的優點:機構穩定性高，光學元件的六個運動軸向能互相獨立不互相干擾，組裝機構不需太過精密即可精確裝配光學元件，且採用最少的拘束來裝配光學元件來確保元件不產生任何位移。在動態裝配下，光學元件是可以重覆拆下然後重新組裝的，在任何情況下也不會讓這些元件產生變形。以上的優點是基於剛性接觸。但由於沒有所為真正的剛體存在，元件與機構之間的接觸不再是數學上的點接觸。通常會利用小面積來代替點對點的接觸，我們稱之為半動態裝配(Semi-Kinematic Mount)。但動態裝配模式還是具有大部分的可靠性。以下例子說明動態配置原則：

　　一個剛體在無任何拘束情況下，會具有六個自由度的運動，包括 x,y,z 軸向的平移運動，以及以 x,y,z 軸為旋轉軸的旋轉運動。假設重力方向為 -z。在安裝面上放置三個非直線排列的鋼珠，再將剛體置於三顆鋼珠之上，如圖 2.4 所示。由於重力作用，剛體被三顆限制了 z 方向上的平移運動，也限制以 x 與 y 為旋轉軸的旋轉運動。但剛體仍有 x 與 y 方向的平移運動，以及以 z 為旋轉軸的旋轉運動等三個自由度。若再增加一顆鋼珠在安裝面上，則會形成過約束(over-constraint)，造成剛體變形。若將增加的一顆鋼珠置於 yz 平面上(當然 yz 平面上有安裝面)，然後以 x 方向的彈簧將剛體壓向 yz 平面，如此剛體的 x 方向平移運動也被限制了。只剩 y 方向的平移運動，及以 z 為旋轉軸的旋轉運動二個自由度。

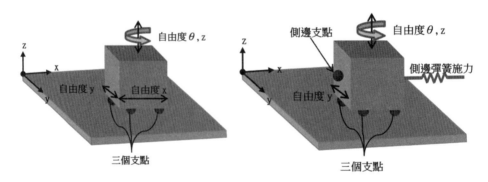

圖 2.4　剛體的自由度與拘束

2-2-2　光學材料

　　光學材料的選擇是光學機械設計一項重大的工作，正如前面章節所言，光學相關機械需要非常高的精密性，因此設計師必須充分瞭解光學機械材料的特性，才能有最佳的光學機械設計。光學常用元件材料，大致上可分為玻璃、陶瓷、金屬、以及晶體等等。各種材料性質都不同，依照產品與目的用途的不同，機械設計師所需看重的材料特質或係數也不同，例如:鏡片設計人員較注重鏡片的折射率與阿貝數等等，因為這些數值會大大影響到光學成像的好壞。而鏡片製作人員較注重鏡片的熱膨脹與硬度等等，因為這些參數與製造過程形形相關。材料性質可大致分為光學性質、機械性質、化學性質、熱性質等等，因此光學機械設計師可以從這些材料參數作為參考，選擇適當的材料做加工與製造。

作為光學上常用的材料，玻璃需考慮很多光學性質。其中包括光線色散程度、光線的穿透與反射的比率、及光線偏折程度。光線色散程度由阿貝數($V_d = (n_d - 1) / (n_f - n_c)$)來決定，阿貝數越高，色散度越低。其中 n_d，n_f 和 n_c 分別是氦黃線，氫藍線和氫紅線的折射率。穿透率會隨著光線波長及玻璃材質不同而改變，光線入射玻璃後，透射率與反射率會決定出射光的強度。光線偏折程度以折射率表示，折射率愈大偏折程度愈大，此外折射率也會因為光線波長不同而改變。

陶瓷是另一種常用的光學材料，由於它的膨脹係數及密度低，有較高的熱傳導係數，常用來製造反射鏡等光學物件。例如雷射模組中的光學元件就以透明陶瓷為主。反射光學元件也常以金屬薄膜製成。金屬薄膜是屬於軟膜，表面接觸容易產生刮痕而影響反射性質，因此通常會加上氧化膜來保護金屬薄膜。

以上材料除了光學性質(色散，折射率)的考量之外，熱擾動對材料的機械性質與光學性質的干擾也必須考量。例如環境溫度的變化，使得光學系統中的元件距離，元件曲率半徑，元件厚度，孔徑大小等，會因熱膨脹效應而發生變化，進而影響光學系統性能。另一方面，光學材料的折射率也有熱變化的現象。在光學系統設計的階段，必須考慮熱的影響。目前常用的光學設計軟體(如 OSLO)，都有熱參數的設定項目，協助設計者做出完善的光學系統。

2-2-3　光學元件製作

　　光學元件的製程可分為射出成型製作技術與傳統研磨技術。在射出成型技術方面,光學材料須以塑膠為主。射出成型技術的一項優點,是可將光學元件與其所搭配的機構一並製作完成,降低生產成本,提高生產良率。除了射出成型技術外,類似的製程技術還有熱壓成型與鑄模成型。這三類製程技術各有其優缺點,如表 2-2 所示:

表 2-2　光學元件製程技術

	射出成型	熱壓成型	鑄模成型
工作原理	以高壓將加熱融化的塑膠快速流入模腔,經保壓和冷卻過程後,成為塑膠光學元件。	將加熱軟化的塑膠以母模施壓,使模穴形狀轉印到融化的塑膠上,經冷卻後脫料,成為塑膠光學元件。	將聚合物置於模具內,經過高溫和高壓處理,聚合物反應固化後,成為光學元件。
優點	易加工,效率高,精度高。	成本低,可製大面積產品。	成本低,可製大面積產品。
缺點	成本高,學習週期長。	加工程序多。	產品成型時間長,精度低。
應用	光學級鏡片	導光板	聚光罩,反射罩

資料來源 PIDA　2008/3

　　傳統研磨技術在光學元件的製程流程較為繁複,但仍有光學等級的精度。這些程序依序包含有切割、圓整、成形、研磨、拋光、定心、鍍膜與膠合等等。流程說明如表所示。

表 2-3　光學元件製成流程

流程	設 備	說 明
一、切割	切割機	將原始胚料切成所需要的形體規格。在玻璃切割過程中須根據材料在切割上的消耗情況預留材料，切割過程盡量保持形體的單純性，另外要避免產生結石、氣泡等瑕疵。
二、圓整	圓整機	類似車床削切加工過程，以圓整機將數個玻璃片，磨成圓柱。
三、成形	曲率成型機	研磨圓整後的玻璃胚料，使玻璃胚料表面形成曲面。可使用杯形鑽石磨輪，鑽石研磨或鑽石車削等方式製作曲面。非球面玻璃透鏡需要精細的控制曲率，主要以鑽石研磨或鑽石車削；較易製作的球面玻璃透鏡以杯形鑽石磨輪研磨為主。
四、研磨	研磨機	去除玻璃表面缺陷如刮痕、霧面、斑痕等瑕疵。研磨技術亦可用來控制鏡片曲率以及中心厚度。
五、拋光	拋光機	玻璃研磨後，需再經過拋光程序，才能具有光學等級的表面。拋光使用較細顆粒的研磨砂、研磨液、研磨皮。在磨碗表面覆上一層拋光材料，搭配拋光液來控制均勻度，使玻璃表面能夠產生熱而融化流動，使刮痕癒合。
六、定心	對心機	前述製程容易造成鏡片光軸與其幾何中心產生偏差，必須透過對心過程使光學鏡片光軸與幾何中心一致。常見的方法有光學對心，雷射對心與機械對心。光學對心精度高，常用於要求較高或者曲率小的鏡片上。雷射對心是以雷射光束通過旋轉或平移的鏡片，再以由光接受器來讀取偏心量；具有高精度與操作方便的優點。機械對心是利用鍾夾夾緊後，以鑽石砂輪進行研磨，具有速度快，操作簡便的優點，但精度較差。
七、鍍膜	鍍膜機	在鏡片上鍍上一層或多層的金屬或非金屬薄膜，使鏡片能達到某種如高反射，高吸收，半反射或帶通的光學效果。鍍膜可使用物理氣相沉積法 PVD(Physical Vapor Deposition)和化學氣相沉積法 CVD (Chemical Vapor Deposition)等方法來完成。
八、膠合	對心顯微鏡	將不同折射率及曲率的透鏡組合則成為的膠合透鏡，可具有消色差的功能。通常使用對心顯微鏡將所有透鏡對心後，再以光學膠，結構膠及密封膠來膠合。光學膠必須是透明且無吸收及散射現象，其折射率也須與玻璃相近。結構膠則是將光學元件膠裝在光學機構上。

2-2-4　光學元件與機構固緊原則

光學機械元件通常是指將可以支撐或安裝光學元件(如透鏡，反射鏡，分光鏡，稜鏡等)的機械結構，例如鏡架、支撐棒、平移台、旋轉台、傾斜台、雷射固定架，光圈等等。安裝光學元件時，必須考慮的原則是，讓機械結構對整個光學系統性能的影響減到最低。一個光學元件在製造過程中，已經決定好材料、厚度、曲率半徑、及其他的光學設計參數，因此其固緊設計就必須相依光學元件的特性來設計，若設計不良使固緊之應力過大反而會使光學元件的特性改變。多個光學元件組裝時，還必須考慮重力對機構變形的影響，以及機構變形對光學系統的影響。

大部份的光學元件(如透鏡，反射鏡等)外型是圓形的設計，圓形的元件受到應力作用時，僅會有球狀的形變，而球狀的形變是軸對稱的，因此對元件的光學性能影響不大，但是折射式元件(透鏡)與反射式元件所受的影響程度是不同的。不同光學元件在與機構裝配時，會有不同的要求。例如裝配透鏡時，會要求透鏡的光軸與機構的參考軸共線，同時透鏡須位於垂直參考軸的平面內。而稜鏡與平面反射鏡的裝配不會嚴格要求元件光軸與機構參考軸共線，但是會要求元件位於垂直參考軸的平面內。通常裝配時光學元件的通光孔徑會縮小，因此設計裝配機構時也必須考慮有效的通光孔徑是否符合設計的要求。

2-3　電動機

馬達是電動機的俗稱，在日常生活中是一個不可或缺的東西，應用無所不在。從飛機、汽車，到手錶、電動牙刷，都有馬達的存在。馬達的型態也是千變萬化，在音響與影像相關設備上，以無刷馬達和直流馬達為主；而家電用品上，是以感應馬達和泛用馬達為主。

在工業和商業上，馬達更是一項不可或缺的存在。在傳統機械上之應用，馬達多被運用於連續轉動的系統，往往以機械連軸方式來帶動負載。所以在馬達上的設計來說，只需考慮扭力與轉速。在光機電領域，馬達的作用就不只侷限在運轉和停機，包含定位、解析等等，當然高精確、高解析度、啟動時間短、響應速度快等等也是必要的。因此馬達的應用原理以及選用就顯得相當重要。

2-3-1　電動機原理

馬達基本原理是利用電能轉換磁力。要了解馬達基本原理，就必須先了解磁力作用。我們都知道，同極相斥異極相吸，此特性是馬達運轉作主要的重點。馬達內部產生磁力的磁鐵分為永久磁鐵與電磁鐵，永久磁鐵就是自己能產生磁力的磁鐵，通常永久磁鐵可分為三類，第一類為鋁、鎳、鈷為主要材料的鋁鎳鈷磁鐵;第二類為氧化鐵或氧化鐵系的磁鐵;第三類為稀土類鈷磁鐵。電磁鐵為實現馬達裝置最主要的裝置，在線圈裡面放置一個可磁化的材料，將線圈通電後，可以產生磁力。同樣地，可以將電流關掉，磁力也就跟著消失，而這種磁力大小可以依照線圈多寡來控制大小。簡單的馬達原理如圖 2.5 所示，將電能通過電刷送到電環，使整個轉子變成電磁鐵與永久磁鐵產生磁力作用開始轉動。當轉到約 90 度的時候，電刷與電環沒有接觸，因此轉子就消失磁力，變成不是電磁鐵，但是由於慣性作用，轉子還是繼續轉動。轉到 180 度時，電刷與電環再度接上，但是與之前的接點是相反狀態，使得轉子的 N 與 S 極也是相反，因此轉子繼續旋轉，如此一來馬達就會不停地重覆旋轉，這就馬達運作的基本原理。

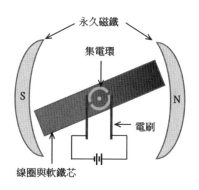

圖 2.5　馬達運轉示意圖

2-3-2 各種電動機

　　藉由電能驅動通過機械結構轉為動能的電器設備稱之為馬達,馬達的種類相當多,分類也比較複雜,但一般還是可以依照幾種類型來區分各式馬達。如圖 2.6 所示,首先以電流來分別的話,可以分成直流以及交流,直流馬達又可分為有刷及無刷,而交流馬達又可分為同步與感應。再來若以輸出功率來區別的話,可以分成大、中型、小型馬達,大型馬達輸出功率約為 3W,中型馬達輸出功率大約在 3W~100W 之間,而大型馬達輸出功率就是 100W 以上了。

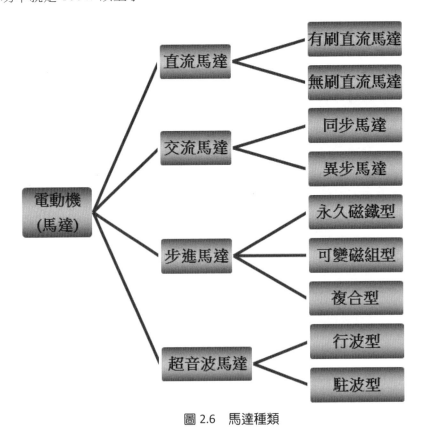

圖 2.6　馬達種類

1. 直流馬達：

直流馬達為法拉第電磁感應定律的應用，採用直流電為電源，加上固定方向的永久磁鐵，使電流通過線圈與永久磁鐵產生電磁感應。因為馬達的電源為直流電，若是改變直流電源的大小及其極性，即可控制馬達的旋轉速度以及旋轉方向，因此為最適用於速度控制的馬達，廣泛地運用各式的電動產品上。其分類可分為有刷直流馬達與無刷直流馬達兩種。

(1) 有刷直流馬達：

基本構造包含「場磁鐵」、「電刷」、「電樞」、「集電環」，根據法拉第電磁感應定律，使用右手定則判斷方向手心方向為電流方向；四指方向為磁場方向；大拇指方向為物體運動方向。其工作原理如圖 2.7 所示，當電流通過電刷，導通與電樞(線圈)連接的集電環時，就會產生電磁感應，使 N 極磁鐵旁的電刷(線圈)向上運動；S 極磁鐵旁的電刷(線圈)向下運動，產生順時針旋轉。當集電環缺口方向旋轉至與電刷方向垂直時雖無電流通過，但因為慣性作用仍會繼續以順時針旋轉，直至集電環與電刷再次導通時就會重複產生感應電動勢，如此重複進行運動。

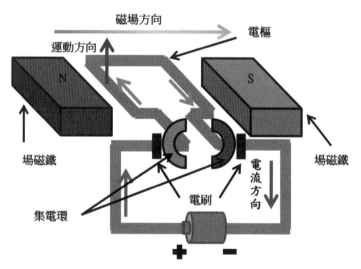

圖 2.7　有刷直流馬達示意圖

(2)　無刷直流馬達：

　　為了改進有刷直流馬達的缺點而發展出來的一種模式，因為有刷直流馬達的電刷與集電環在運轉時會互相摩擦而造成損壞，故無刷直流馬達採用霍爾元件切換電晶體開關取代電刷與集電環的換向功能。其工作原理如圖 2.8 所示，當中心轉子磁鐵 S 極最靠近霍爾元件時產生最高磁通密度，使得霍爾元件 A 端的電壓較高，因而導通電晶體 Q1，在 L1 處產生電磁感應，由右手定則可知 L1 凸起處為 S 極造成中心轉子磁鐵做逆時針旋轉。雖然當中心轉子磁鐵離開霍爾元件時因磁通密度下降，霍爾電壓消失使得電晶體 Q1、Q2 皆為 OFF，但因為慣性作用中心轉子磁鐵仍會繼續運動。再當中心轉子磁鐵 N 極接近霍爾元件後電晶體 Q2 開通，再 L2 處產生 N 極，令中心轉子磁鐵繼續做逆時針運動。

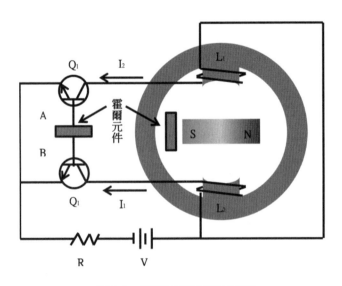

圖 2.8　無刷直流馬達示意圖

2.　交流馬達 ：

　　交流馬達可分為同步馬達與異步(感應)馬達。以基本結構來說，主要是由定子(Stator)、轉子(Rotor)及軸承所組成。

(1)　同步馬達：

　　如圖 2.9 所示，交流電的電壓和電流隨時間而變動，因此當交流電通過馬達的定子線圈時，產生的磁場是隨時間而變化，所以 N 極和 S 極的是為變動磁場。利用此特性，可讓周遭磁場在不同時間點及位置推動轉子，使其持續運轉。因為轉子會跟隨定子磁場的旋轉速度，所以頻率變化並不會對同步馬達轉速造成影響。

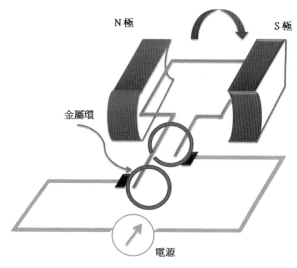

圖 2.9　同步馬達示意圖

(2)　異步(感應)馬達：

　　如圖 2.10 所示，依供給電源的不同，又可分為單相及三相感應馬達。其單相電源所產生交變磁場無法使馬達旋轉，必須加上啟動繞組才能運轉，故無法自行啟動。在感應馬達中最常見的為鼠籠式，其結構簡單但堅固，且不需要磁性材料；此外擁有高起動轉矩及轉速，因為不需要做碳刷的更換維修，所以降低了維護費用，因結構穩固，故適合應用於環境惡劣的工作場合。綜合上述之優點，再加上交流馬達轉速控制技術的快速發展，鼠籠式感應馬達已廣泛的應用於各個領域中。

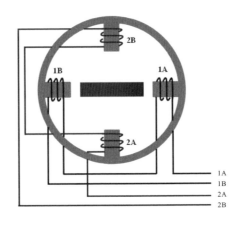

圖 2.10　感應馬達示意圖

3.　超音波馬達 ：

　　超音波馬達是以壓電陶瓷變形模式，利用彈性振動來驅動馬達旋轉。壓電材料具有能量相互轉換的特性，可以轉換電能及機械能，另外具備致動與感測功能，常常被應用在各種工業上。隨著高科技的發展，超音波馬達具備體積小以及無電干擾等等優點，在追求高科技的場合上非常符合需求，慢慢地已經逐漸取代傳統馬達。此外，超音波馬達其構造簡單，不產生電磁干擾，高轉換效率，高扭轉驅動力等等，使得超音波馬達在市場上佔有一席之地。超音波頻率大約為 20kHz，這已超出人耳可接收到的頻率，這致使超音波馬達運轉中非常安靜。超音波馬達利用加壓方式來進行移動，以超音波和交流電壓，會使壓電陶瓷材料伸縮，因其每秒數百萬次的振動頻率，每次震動移動長度只能達到微米但整體超音波馬達每秒大約可以移動數公分。超音波馬達可分為行波型與駐坡型兩類，分述如下。

(1)　行波型超音波馬達：

　　如圖 2.11 所示為行波型超音波馬達基本架構，右側的壓電震動子接上交流電與電感進行震盪控制當作激發端，啟動後產生兩個相位相差 90 度的駐波結合成行波推動移動物件使馬達運轉；左側的壓電震動子使用 RLC

電路吸收行進波所傳遞的能量當作吸收端，目的為減少反射波對整體結構的干擾。

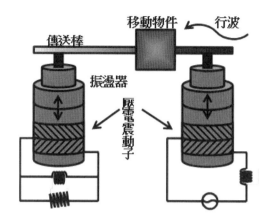

圖 2.11　行波型超音波馬達

(2)　駐波型超音波馬達：

如圖 2.12 所示，輸入擁有相位差的電源，驅使定子固定週期內產生類似駐波的形變，並與轉子做間歇性的點接觸，其運動軌跡類似一橢圓形，利用此軌跡，讓定子與轉子間產生摩擦力，進而推動轉子使馬達運轉。

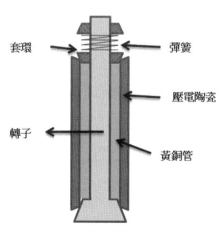

圖 2.12　駐波型超音波馬達

4. 步進馬達：

能批次移動固定距離之步進馬達是自動化系統不可或缺的機電元件。他具有暫態響應短、穩定性高、高解析度、定位精準等優點。依構造分類，可將步進馬達分為 1.可變磁阻式步進馬達，2 永磁式步進馬達，3.混合式步進馬達三類。

(1) 可變磁阻步進馬達：

或稱 VR 型步進馬達，工作原理如圖 2.13 所示。12 個磁極平均分布在定子上，以 A,B,C 三組不同線圈依序排列，圍繞著高導磁轉子。從 A 開始通電產生磁力產生 NA,SA 磁極，磁力使得轉子旋轉。當轉子轉到 B 線圈時，使 B 線圈通電，產生 NB,SB 磁極，依此類推使轉子持續轉動。每次以 15 度轉動步進角轉動。

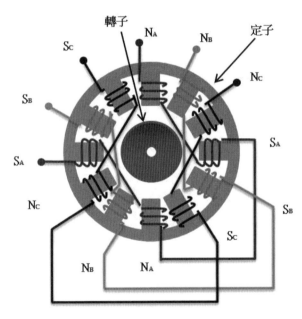

圖 2.13　可變磁阻步進馬達

(2)　永久磁鐵式步進馬達：

　　也稱作 PM 型步進馬達，轉子採用永久磁鐵，定子上纏繞 A B 兩組線圈，作為改變磁極用。如圖 2.14：流程為通負電於 A 線圈，之後切換 B 通負電流，A1 A2 B1 B2 磁極依序為 S 極 N 極 S 極，N 極，同極相斥異極相吸的結果，轉子將旋轉 90 度後保持穩態。再將 A B 線圈通往正電流，磁極反轉產生不穩態，再旋轉 90 度，以 90 度為一個周期前進，持續旋轉，若增加定子轉子數，可將轉動角度再切的更細。

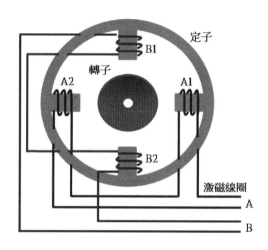

圖 2.14　永久磁鐵式步進馬達構造

(3)　複合式步進馬達：

　　為 PM 式與 VR 式的混合應用，如圖 2.15，轉子採用永久磁鐵，並在軸表面製作齒輪狀電極，線圈分類較前兩類複雜，分為 A，A'共軛對與 B，B'共軛對，磁極分佈如圖 2.15，將線圈通電流產生磁力，可以粗略表達複合式馬達的驅動原理，詳細的內容已超越本書範疇故不討論。複合式步進馬達同時具備可變磁阻式與永磁式兩類的優點，且步進角一般介於 1.8°~3.6°，具備高轉矩與高精確度的特性，由於構造複雜成本較高，常配備於高單價設備或精度較高的儀器如影印機、印表機或攝影器材等 OA 器材上。

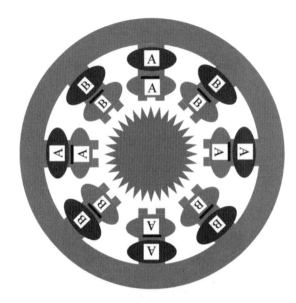

圖 2.15　複合式步進馬極構造

習題

1. 試說明發光二極體與太陽電池的工作原理,並比較兩者差異。

2. 試說明液晶顯示器的工作原理。

3. 光學元件的製作方法有哪些,請說明其製作原理。

4. 請參考圖 2.7 有刷直流馬達示意圖,運用右手定則,設計逆時針運轉的有刷直流馬達。

5. 請舉出以永久磁鐵為定子的馬達有哪些? 以線圈纏繞定子的馬達有哪些?

參考文獻

1. 潘錫明，認識光二極體，科學發展，第 435 期，2009

2. 田民波、呂輝宗、溫坤禮，白光 LED 照明技術，五南，2011

3. 李正中、楊宗勳，光電科技概論，五南，2011

4. 黃素真，液晶顯示器，科學發展，第 349 期，2002

5. TFT-LCD 平面液晶顯示器工作原理簡介 http://www.me.cycu.edu.tw/uploads/73.pdf

6. 鄭名山，太陽能發電簡介，物理雙月刊，第 29 卷第 3 期，2007

7. 黃惠良等編著，太陽電池，五南，2009

8. 國家實驗研究院，光機電系統整合概論，全華圖書，2005

9. D.Chin, "Optic mirror-mount design and philosophy", Applied Optics, Vol.3, No7, Pp. 895-901, 1964

10. 國家實驗研究院，光學元件精密製造與檢測，全華圖書，2007

11. 海老原大樹、岩佐孝夫編著，陳熹棣編譯，步進馬達應用技術二版，全華圖書，1986

12. 葉明財編譯，小型馬達活用技術初版，全華圖書，1995

13. 日本 SERVO 株式會社編著、游振桁譯，圖解馬達入門，世茂，2008

14. 國立成功大學馬達科技研究中心 http://www2.nutn.edu.tw/se/seminar/%E6%BC%94%E8%AC%9BPPT-970...pdf

15. 黃慧容、梁賢達,電工機械,台科大出版社,2012 感應馬達運轉的基本原理 http://www.sunholy.com.tw/epaper/NO.93/93.pdf

16. 葉隆吉(審訂),圖解馬達入門,世茂出版有限公司,2008

17. 林法正,超音波馬達之驅動與智慧型控制,滄海,1999

18. 陳熹棣,步進馬達應用技術,全華圖書,1993

第三章　電氣致動元件選配

中央大學　機械系　**利定東**

致動器(actuator)基本上是以操控電來控制信號，轉換成機械運動的裝置。這類機械，能把能量轉化為運動，如動能、熱能、流體能等。一般而言，致動器係結合電源供給器及耦合機制，如圖 3.1 所示。電源端供給直流或交流電源；耦合機制則是在致動器及機械能轉換中作相對運動。常見的機構包括:齒條與齒輪、齒輪傳動機構、皮帶傳動、導螺桿裝置、螺帽、活塞及連動機構。近年來，光學、天文學、液壓控制和精密加工等領域對新型致動器的需求大大增加，尤其是在定位器、機械阻尼器及微型電機的應用方面。

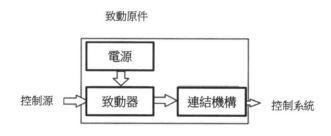

圖 3.1　常見的致動元件

實際加工設備由平移元器件(接頭)和旋轉元器件(齒輪和電機)組成，因各元件存在間隙，同時機器振動也不可避免地引起位置的波動。再者加工應力和熱膨脹引起的形變，都是導致誤差產生的原因。因此，對能夠提高切削精度的微毫米級的位置控制器的需求越來越明顯。例如,用多層陶瓷致動器 0.01μm 切削精度的車床樣機。將壓電(dielectric)設備應用於有源及無源減震是一項極具實用價值的技術,如空間設備、軍用以及商用交通工具等領域。在設備中,通過真空傳播的機械振動不會輕易衰減,陣列長 10m 的太陽能板卻可能因為太空灰塵的反覆衝擊而遭到嚴重破壞,目前正在研究基於形狀記憶合金或是壓電陶瓷的有源阻尼器(shock absorber)可以改善此類問題。當坦克受到導彈衝擊或是潛艇受到水流的複雜外力作用時,上述的智能外殼將對致動器產生一個反饋訊號,致動器接受信號後將會改變自身形狀使坦克受到的破壞最小或是潛艇受到的衝擊力最小。

在機械工程領域,其他方面的應用也迅速增加,例如"固態電機"就是其中一種能滿足此類需求的重要設備。對於辦公設備如印表機、磁盤致動器進行的市場調查表示,小於 1 cm 的微型電機在未來十年市場需求將大幅成長。然而傳統的電磁電機不能為這些應用提供足夠高的效率,因此,當需要提供毫米級尺寸的電機時,能量效率與尺寸大小關係不大的壓電型超音波電機要比傳統電磁電機更具優越性。

3-1 致動器的分類

致動器可依輸入能源之不同,於表中(表 3.1),可分為電、機電式、電磁式、氣動式或液壓式。新世代致動器可分為新型材料致動器、微致動器(micro-actuator)、奈米級致動器(nano-actuator)。

致動器也可依二進位式和連續式做為輸出的分類,其中,步進馬達具有兩種穩定狀態的繼電器是二進制執行器一個很好的例子。

表 3.1　致動器種類及願景

致動器			願景
電			
二極管、晶閘管、雙極晶體管、可控矽晶閘管、兩極半導體、電力場效電晶體、固態繼電器等。			電子式 超高頻響應 低功率消耗
電機式			
直流馬達	繞線式	外激式	在電壓經過電樞線圈或可變電場時可控制速度
		串並聯	恆速的應用：高起動轉矩、高加速度轉矩、高速輕負載
	永磁式	傳統式永磁馬達	高效率、高峰值功率、快速響應
		調變式線圈永磁馬達	高效率、較低電感相對於傳統式直流馬達
		轉矩式馬達	設計為長期運行在停滯或低轉速
無刷馬達			快速響應;高效率、可達 75% 壽命長、高可靠度、低故障率 低射頻擾動及噪音汙染
交流馬達	交流感應式馬達		最常應用於工業、簡單、堅固、便宜
	交流同步式馬達		此馬達適合於同步速度下運轉在不同轉速(低-高)及負載下能夠保持非常高的運轉效率
通用馬達			需要額外系統來開啟;可應用於直流、交流電;高馬力/磅;工作壽命相對短。
步進馬達	混合式		改變電之訊號驅動機構;提供準確的定位無須回饋;低保養
	可變磁阻式		

電磁式		
電磁閥式 電磁式，繼電器		大作用力、瞬間 開關控制
氣液壓式		
氣壓缸		適合直線運動
氣壓馬達	齒輪	調速範圍寬
	葉片	高馬力輸出
	活塞	高可靠性
空氣馬達	旋轉	無觸電危險
	往復式	維修次數少
閥門	方向性控制閥	
	壓力控制閥	
	程序控制閥	
新材料致動器		
壓電材料		高頻且低振動、高解析度、高壓且低激發電流
磁致伸縮		高頻帶且低振動 高壓且高激發電流
形狀記憶合金		高壓且高激發電流、低頻且大振動
電流變液		高電壓驅動、對於機械衝擊與震動抵抗性高、對於大力有小的頻率
超聲波壓電馬達		具有穩態和自鎖的能力，沒有伺服震動和熱能產生
微米和奈米致動器		
微米馬達		適用於微機電系統，可以使用在矽製程技術上
MEMS(微機電系統)薄膜光學開關		小尺寸，低功率設備，高頻率
MEMS 鏡面反射器		高頻率，低功率消耗
MEMS 微流道幫浦與閥		適用於小體積，高精度控制的流體，輸出力與行程皆小
MEMS 藥物分配器		將藥物正確、精準地注入血液中

3-2　致動器的操作原理

3-2-1　電動致動器

　　使用致動器來製作大部分的開－關型控制器，電子式的開關。開關元件有二極體、電晶體、三極交流開關、金氧半場效電晶體(MOSFET)還有繼電器等，其中繼電器只需一小功率的控制訊號即可開關一些電子元件如馬達、閥和加熱元件。如圖 3.2 金氧半電晶體為例，中間的閘極收到控制器電壓小訊號可以開關電源供應與致動器之間的連結。在使用開關時，設計者必須確認有無開關跳動之問題，若有，則使用硬體或軟體來解決。

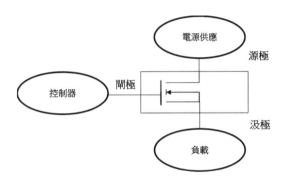

圖 3.2　n 通道金氧場效電晶體

　　步進馬達是連續致動器的好例子。使用步進馬達可提供穩定微小的輸出達到位置控制。

3-2-2　機電致動器

　　最常見的機電致動器，是將電能轉化成機械能的馬達。馬達是工業上將電能轉換成機械能的一種常見的應用，其可以廣泛的定義為直流馬達、交流馬達與步進馬達。直流馬達使用直流電壓操作，並藉由調變電壓來控制其轉速，廣泛被應用於從幾千馬力的軋機到小馬力的汽車(啟動馬達、風扇馬達、雨刷馬達等等)，但直流馬達相較交流馬達較昂貴，原因是因為需要直流電壓供應並維持其運動。

$$T = Jdw/dt + TL + TLOSS \qquad (3.1)$$

式 3.1 中，T 為扭矩，J 為總慣性，w 為馬達旋轉的角速度，TL 為馬達軸上的扭矩，TLOSS 是一分數意義為內部機械損耗。

對電機致動器來說，電磁轉換是最廣泛使用的能源轉換方式。其中一個理由在於，因磁場擁有比電場更高的能量密度。電機能量轉換在於氣隙使得電機致動器的固定件和移動件之間分開。單位體積的總能量的氣隙，磁場高於電場五倍。

勞倫茲法則(Lorentz's Law)的電磁力及法拉第法則(Faraday's Law)的電磁感應，皆為電磁致動器的主要基礎原理。在更詳盡的介紹電磁，首先將介紹磁場及磁通亮的原理。

磁通量 $\varnothing$ ，因磁場而存在。磁場強度 $\vec{H}$ (in A/m) 及磁通量密度 $\vec{B}$ (in tesla [T]) 與材料的導磁性有關。在真空中，磁通量密度直接地與磁場強度是呈成正比關係，並被表示成以下：

$$\vec{R} = \mu_0 \cdot \vec{H} \qquad (3.2)$$

其中 $\mu_0 = 4[\text{T m/A}]$ 是為真空導磁率(vacuum permeability)，對於其它磁性或著強磁性的材料其關係式如下：

$$\vec{R} = \mu_r\left(\vec{H}\right) \cdot \mu_0 \cdot \vec{H} \qquad (3.3)$$

其中$\mu_r(\vec{H})$是為材料的相對磁導率，圖 3.3 顯示典型 B-H 和$\mu-$H的曲線圖

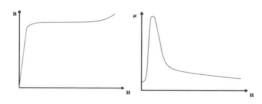

圖 3.3　$\mu-H$ diagram and B-H diagram

3-2-3　勞倫茲電磁力定律

當載流導體被放置於磁場之中，其受到的感應力由下式呈現：

$$\vec{F} = \vec{i} \times \vec{B} \qquad (3.4)$$

其中$\vec{F}$為力向量，$\vec{i}$為電流向量及$\vec{B}$為磁通量密度(magnetic flux density)。此力為電磁力，或被稱為勞倫茲力。如圖 3.4 所示，若一長 L 的導體，通入定電流 i 置於定磁場 B 中(不受位置影響其值)。其磁場施於導體上的勞倫茲力的總和係數：

$$F = \left|\vec{F}\right| = BLi \qquad (3.5)$$

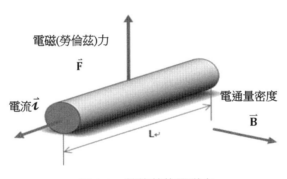

圖 3.4　勞倫茲的電磁力

3-2-4　法拉第電磁感應定律

導體在磁場中運動，會產生出一個電動勢(emf)或者導體兩端的電位得出式 3.6：

$$emf = E = -\frac{d\phi}{dt} \qquad (3.6)$$

其中，$\emptyset = \oint \vec{B} \cdot d\vec{A}$ 為磁通量。一個長 L 的導體，以定速 v 在定磁場(不受位置影響其值)中運動，其運動方向垂直於面積A_p。如圖 3.5 所示，其感應電動勢值(電位)可由式 3.7 得知：

$$emf = E = BLv \tag{3.7}$$

有兩種方法藉以產生想要的磁場$\vec{H}$ 及磁通量密度$\vec{B}$，其一係利用永久磁鐵，而另一種則是利用必歐-沙伐定律(Biot-Savart's Law)。

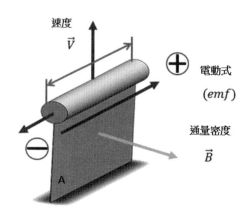

圖 3.5　運動感應的電動勢

3-2-5　必歐-沙伐定律

一無限長、直的載流導體所感應的磁場，垂直於導體 r 處的磁通量密度，如圖 3.6 所示：

$$B = \frac{\mu_r \mu_0}{2\pi r} \cdot i \tag{3.8}$$

其中 i 為電流，若將直載流導體彎成 N 圈的螺旋線圈，其可感應的相對應磁場如圖 3.7 所示。若線圈的長度 L 遠大於線圈的直徑 D 時，其磁通量密度遵守右手定則，而其線圈的通量密度值約為：

$$B = \mu \frac{N}{L} \cdot i \tag{3.9}$$

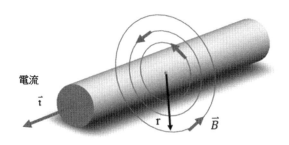

圖 3.6　載流導體所產生的磁場

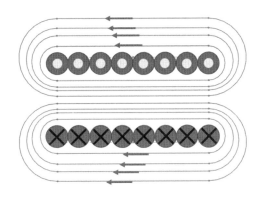

圖 3.7　線圈(螺線管)感應磁場

其中，$\mu = \mu_r \cdot \mu_0$ 是為線圈內材料的導磁係數及 i 為穿過線圈的電流。可藉由插入鐵磁心於螺線管中藉以強化磁場進而增加導磁率。以線圈感應磁場藉以產生可控磁場，被廣泛地運用於電磁裝置，其又被稱為電磁體。

3-2-6　電磁線圈裝置的種類

電磁線圈是最簡單的電磁致動器，被用於線性及轉動驅動於閥、開關和繼電器。如名稱所示，電磁線圈係由固定鐵框(定子)、線圈(螺線管)和強磁柱塞組成放置於線圈的中心，如圖 3.8 所示。

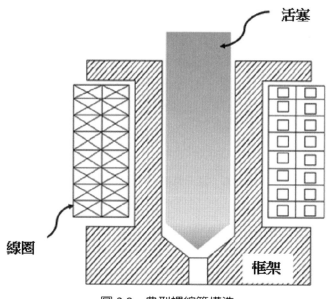

圖 3.8 典型螺線管構造

當線圈通電時，線圈內產生感應磁場。藉由關閉柱塞和固定框架間的氣隙，使可移動的柱塞增加磁鏈。磁力與電流i的平方成正比，與氣隙的平方成反比δ也就是線圈的行程。

$$F \propto \frac{i^2}{\delta^2} \qquad\qquad (3.10)$$

若行程小於 0.060 in.，平面的柱塞推或拉的力量將是60° 柱塞的五倍之多。對於較長的行程 0.750 in.，60° 柱塞遠比平面的柱塞有著優越的優勢。當線圈被斷電時，磁場下降，透過其本身的重量或彈簧，柱塞會回到原來的位置。

通電時，所有線性的線圈基本上是以拉柱塞的形式進入線圈。推式螺線管，以延伸的柱塞通過孔而停止，如圖 3.9 所示。因此，當線圈通電時，柱塞不斷的被拉進線圈中，但延伸式的產生一推的運動從

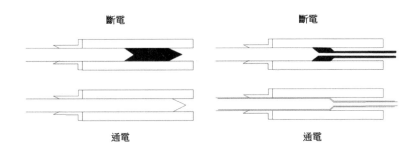

圖 3.9　推和拉形式的螺線管

　　線圈的底端。返回運動，斷電時，由負載本身提供(也就是說，負載本身的重量)或者是藉由彈簧來返回，是為螺線管組件中不可分割的一部份。

　　轉動線圈，利用滾珠軸承在傾斜的軌道將直線的運動轉換成轉動。當線圈通電時，柱塞組件被拉向至定子和旋轉穿過鑄造而成的弧形軌道。一機電式繼電器(EMR)的裝置，利用高功率使電磁閥來關開機械裝置接面處。繼電器的功能如功率電晶體相同，但利用相對小的電能來做切換大量的電流。這兩者的差別在於，繼電器擁有控制較大電流的能力。一些繼電器擁有多個接觸點，有些則是封閉的，一些是內建電路藉以延時閉合動作，另一些則像是在早期電話線路，當它們通電和斷電時，通過一系列的位置一步一步的前進。

設計/選擇考慮的注意事項

　　力、行程、溫度和負載循環為四個主要電磁線圈的設計/選擇考慮的注意事項。一個線性的電磁線圈可提供高達 30lb 的力從裝置不到 2(1/4) in. 的長度。一轉動電磁線圈可提供超過 100lb 的扭距從裝置不到 2(1/4) in. 的長度。

　　交流馬達(AC motor)為最受歡迎的馬達，係因可使用穩定交流電為輸入，不需刷子與換向器，所以相較之下便宜。交流馬達依其物理結構可分為感應馬達、同步發電機與通用式電動機。感應馬達為一簡單、低保養需求的馬達，在相數目選擇的基礎上，可適用於各種不同的尺寸與形狀。舉例來說，三相的感應馬達(three phase induction motor)常被用於大馬力的輸出，如幫浦、砂輪機、捲揚機和貨車上。兩相的伺服馬達(servomotor)，昂貴的使用在位置控制上。單相感應馬達，廣泛地被使用於家電上。同步發電機是工業上最有效率的電子馬達之一，它可以減少工業用電。通用式電動機可操作於直流或交流的電供，常用於減少馬力的輸出上，直流通用式電動機擁有最高的馬力/磅比值，但卻有短操作壽命的缺點。

　　步進馬達(step motor)是一種隨時間增加或減少固定距離的元件，當每個脈衝訊號輸入時一次移動一步，因為它可以接受直接的數位輸入訊號，然後給予一個機械的回應，所以被廣泛的使用於工業控制的應用上。常被用來分化馬力輸出，經由一重複在低花費高頻率的固態元件上，有著各式各樣的應用。

　　圖 3.10 為一簡化的單極步進馬達。凹陷 1 在上方與底端定子磁極之間，凹陷 2 在左方與右端轉子磁極之間。轉子為六個極的永久磁鐵，因此，每轉一步為 30 度，在接近凹陷 1 的激發時，上端定子變成北極而下端定子變成南極，吸引了轉子到對應的位置如圖 3.10 所示。現在，如果凹陷 1 沒被激發而是凹陷 2，則轉子將會旋轉 30 度。當適當的電流流經凹陷 2，轉子會順時針或逆時針旋轉。當依序激化凹陷 1 與凹陷 2，馬達將會依預期速度連續旋轉。

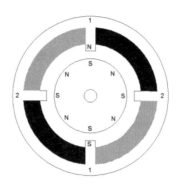

圖 3.10　單極步進馬達

　　電磁致動器，電磁閥是最常見的電磁致動器。直流電磁閥內有一被線圈包圍的軟磁鐵心，當電流通過線圈時將會建立一磁場，並提供軟磁鐵一推力或拉力。交流電磁閥也有被發現，如交流繼電器。

　　圖 3.11 為電磁換向閥示意圖，一般來說，軟鐵核會因彈簧提供的彈力而被推至最左方位置。當螺旋管通電，有了電磁力作用，軟鐵核會被推至最右方的位置，藉此達到閥門控制的目的。

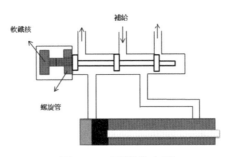

圖 3.11　電磁換向閥

　　另一重要的應用為電磁鐵，電磁鐵被廣泛應用在需要大作用力的工業裝置及特殊的閥門上。

　　液壓及氣壓促動器，液壓及氣壓促動器同時也是旋轉帶動機具及線性導管控制閥裝置，通常他們被應用於大作用力下的運動，氣壓促動器通常也應用於低壓下的作動力裝置、短衝程及高速旋轉下的機具，液壓促動器使用非壓縮的油當作工作液體，缺點為機構複雜及需要長時間維護。

　　旋轉馬達通常應用於低轉速以及高轉矩的機具,導管/栓塞促動器通常也可用於線性運動如:飛行器控制器，圖 3.11 中方向控制閥通常伴隨著旋轉馬達應用於機具間的連接處，而導管促動器是用於控制流體運動方向。在電磁換向閥中，閥門的位置決定了導管/栓塞促動器的排列方式。

　　智能材料致動器，不像一般常見致動器，智能材料致動器通常被應用於負載軸承結構上。而其方式為，在負載軸承結構上以平均的方式嵌入智能材料促動器，可用以消除震動及噪音。

　　首先探討材料的智能程度，表 3.2 列出了與材料的輸入、輸出參數相關的各種特性，其中，輸入參數分別為電場、磁場、應力、熱量與光照；輸出參數分別為電荷/電流、磁化、應變、溫度與光照。通常，輸入電壓或應力後、分別輸出電流或應變(對角耦合)的導電材料與彈性材料被視為"不重要的"材料。所以，高溫超導陶瓷也被視為不重要的材料。但是近幾年來，一些新的化合物表現出來的品質因素(電導率)異常的高，而這些特性值得人們關注。

表 3.2　各類材料的基本屬性和交叉關聯屬性

輸入\輸出	電荷\電流	磁化	應變	溫度	光照
電場	介電常數	電磁效應	逆壓電效應	熱電效應	電光效應
磁場	磁電效應	磁導率	磁致伸縮	磁熱效應	磁光效應
應力	壓電效應	壓電效應	彈性常數	****	光彈性係數
熱量	熱電效應	****	熱膨脹	比熱	****
光照	光電效應	****	光致伸縮	****	折射率
對角耦合	傳感器 致動器				

　　此外，將分別輸入熱量或應力能產生電場的焦熱材料和壓電材料統稱為智能材料，因為這種非對角耦合作用能產生相應的逆向效應—電生熱和逆壓電效應，所以可以用一種材料實現"傳感"和"致動"功能。例如，由形狀記憶合金(超強彈性)構成的牙齒矯正器，該材料可以通過與溫度有關的相變對口腔溫度的變化做出響應，進而對牙齒產生恆定壓力。

　　除具備傳感和致動功能外，"智能"材料還必須具備自適應周圍環境條件變化的"驅動/控制"或"處理"功能，光致伸縮致動器就屬於這一類。有些鐵電體在光照下(光電效應)會產生高電壓，由於鐵電體具備壓電性質，光電壓將對晶體產生應力，因此，此類材料可產生驅動電壓，此驅動電壓取決於入射光線強度，同時利用該電壓能產生機械響應。局部穩定的氧化鋯的自我修復特性同樣可以看成一種智能響應，他可以對應力集中作出響應以減少集中應力(控制作用)，還可以阻止裂紋擴大(執行動作)。其中，應力集中是由最初局部相變引起的裂紋(傳感作用)發展而來的。

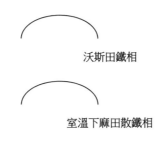

沃斯田鐵相

室溫下麻田散鐵相

加熱後再次成為麻田散鐵相

圖 3.12　形狀記憶合金的相轉變

　　如果更加完善的機構能做出"智能化"的響應，就可能製造出一種智能材料，這種材料能夠判定"這響應可能有害"或"這種動作會破壞環境"，並隨之作出響應。在傳動或系統中很需要使用這種自動防護裝置，如此配備後的系統能夠自動監控和探測設備磨耗或損壞徵兆，在系統遭受嚴重破壞或事故發生之前自動關閉。

　　在多種智能材料促動器中，形狀記憶合金(SMA)、壓電促動器(PZT)、磁致伸縮促動器、電性流體促動器、多分子離子交換促動器為五種最常見的類別。

　　形狀記憶合金為熱作用下產生相轉變的鎳或者鈦，而形狀記憶合金通常為鎳鈦諾。當把鎳鈦諾冷卻且當它的溫度低於臨界溫度時，其晶格結構轉變成麻田散鐵(Martensite)相示於圖 3.12，在此狀態下的結構具有極高的可塑性。當溫度加熱高於臨界溫度(50。C-80。C)，形狀記憶合金的晶格結構轉變成沃斯田鐵(Austenite)，而恢復成它在高溫下的形狀。舉例來說，一個在室溫下的的長直金屬導,使之加熱其會彎曲且變成圓弧狀,這可應用於畸齒矯正及其他張力裝置。

有些材料在結構發生相變後會呈現大幅機械變形,其相變一般由溫度、應力或電場引起。還有一些材料,一旦發生機械變形,即使去掉負載或施加的壓力,形變依然保持,但是加熱後可以恢復原來形狀,此行為稱之為形狀記憶。

普通金屬、典型形狀記憶合金和超彈性合金的應力-應變曲線如圖 3.13 所示。對普通金屬施加的應力超出彈性範圍時,金屬將產生不可逆形變。而對超彈性合金施加相同程度的應力,由於引起的應力形變,合金在超出其彈性範圍時依然表現出一定彈性韌度,在這種情況下,形變是可逆的,若去掉負載及所施加的應力,合金將恢復原來的形狀。最後是形狀記憶合金發生形變的過程,該過程與普通金屬發生形變的過程非常相似,只不過在去掉負載並用適當溫度加熱合金後,合金才可以恢復原來形狀。

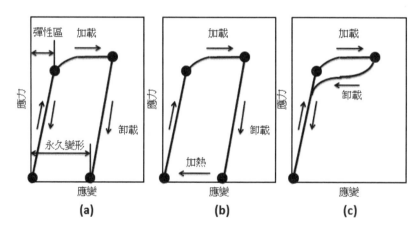

圖 3.13 應力-應變曲線:(a)普通金屬 (b)形狀記憶合金 (c)超彈性合金

根據形變時的溫度不同,形狀記憶合金呈現兩種不同的機械特性:超彈性或是假塑性。鎳鈦合金(鎳和鈦的合金) 呈現超彈性材料的特徵時,可獲得有效模量非常小的形變,該有效模量比母模量小好幾個數量級,且最大可逆形變只達到 10%。當鎳鈦合金呈現假塑性特徵時，很大的應變產生輕微硬化的形變，通過加熱可恢復到原來的形狀。在恢復形變的過程中，產生的壓力可高達 108 N/m²。

　　圖 3.14 中壓電致動器通常在其底部及頂部有著壓晶材料傳導薄膜，當有電流通過傳導薄膜層，晶體會沿著圓線排列，而當電壓極性相反時，晶體之間會因為雙向作用力而結合，壓電材料機器以及電之間的作用力可表示為：

$$T = cES - eE \qquad (3.11)$$

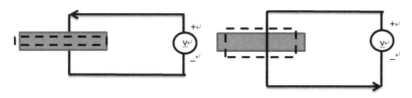

圖 3.14　壓電促動器

　　T 為張力，而 cE 為電場間的彈力係數，S 為應變，e 為介電質常數，而 E 為電場。一些促動器的應用為圖 3.15 所示，當二個壓電材料用雙向極性作動後，在懸臂樑處產生反向振動。這些促動器在高頻振動下仍能保持一定的穩定性，如果一個促動器上面沒有可移動的部份，更可應用於微操作上。

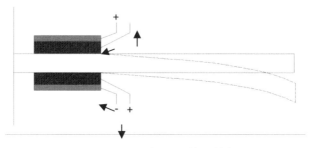

圖 3.15　壓電材料可用於樑的振動

　　不同於壓電致動器的雙向驅動，電致伸縮效應是一個二階效應，也就是，它反應電場中單向擴張，但不分極性。

　　圖 3.16 說明，一壓電薄膜致動器。兩導體分別當作上電極和下電極，且上電極和下電極都連接上了壓電材料。當激發電壓施加在二電極間，壓電材料會沿著懸臂長度方向膨脹或收縮。因此，矽基材會向上偏轉或向下偏轉。圖 3.17 說明了一種典型的微幫浦，它是利用壓電的材料當作微致動器。當施以電壓在壓電盤上，壓電盤會變形，其可能擴大或縮小腔體內體積，進而影響流體通過止回閥的進入或離開。微幫浦可在高頻率約 KHz 範圍內操作。

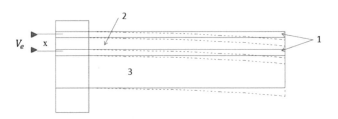

圖 3.16　壓電薄膜致動器。1-上和下電極；2-壓電薄膜；3-矽結構

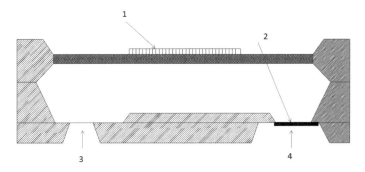

圖 3.17　矽懸臂止回閥幫浦。1-壓電盤；2-止回閥；3-入口；4-出口

　　磁致伸縮材料(magnetostrictive material)，是一種由鋱、鏑和鐵組成的合金，在磁場中可產生機械應變高 2000 微應變。其材料，可用於棒、板、

墊圈和粉等不同的形式上。圖 3.18 說明一種典型的磁致伸縮棒致動器，它
是被電磁線圈所環繞。當線圈被激發，棒子會依比例伸長建立磁場強度。

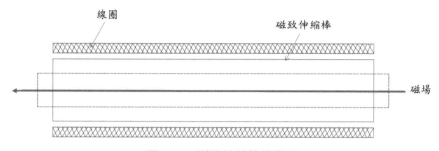

圖 3.18　磁致伸縮棒致動器

$$\varepsilon = SH\sigma + dH \qquad\qquad (3.12)$$

式 3.12 表示磁-結構關係，ε 是應變，SH 是遵守恆定磁場，σ 是應力，
d 是磁致伸縮常數，H 是磁場強度。

圖 3.19 是磁致伸縮薄膜致動器的示意圖。在基材(矽、聚醯亞胺、砷
化鎵等)的二側，使用濺射鍍膜技術分別鍍上鋱-鐵薄膜，和另一邊釤-鐵薄
膜。當磁場應用在平行懸臂長度方向時，鋱-鐵薄膜膨脹，釤-鐵薄膜收縮，
因此懸臂會向下偏轉。同樣的原理，當磁場應用在平行懸臂寬度方向時，
會向上偏轉。

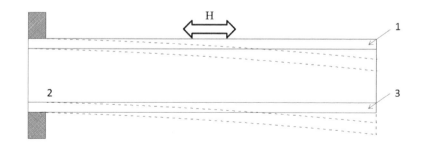

圖 3.19　磁致伸縮薄膜致動器。1-鋱-鐵；2-基材；3-釤-鐵。

　　離子交換高分子化合物利用自然離子高分子化合物的電滲現象,作為致動器的原理。當電位施以在交聯高電解質的網絡上,離子化的群體獲得靜電荷,產生機械變形。這些致動器的類型,已被用於開發人造肌肉和義肢。最主要的優點在於以較低電壓激發就可產生大變形。

　　微致動器和奈米致動器都稱作微機械、微機電系統和微系統,它們是微小移動裝置,被發展利用於標準微電子製程,如半導體的整合和加工微機械的元件。另一定義,任何裝置是被約 1-15mm 的微小功能零件所組成,都稱作微機械。在靜電馬達中是被靜電力所支配,不像普通馬達是由磁力所控制。對於較小的微機械系統,靜電力非常適合作為驅動力。圖 3.20 是靜電馬達的一種。

　　轉子是環形盤,有統一的介電常數和傳導率。在操作中,施加電壓在兩個導電的平行板,但兩個導電的平行板被絕緣層隔開。轉子固定轉速在兩個定子電極同平面中心陣列中旋轉。

　　在超音波馬達中,馬達中的定子被安置和壓電陶瓷晶體一起,而這定子將沿一系列壓電陶瓷晶體周長的固定距離放置。每個壓電陶瓷定子可以產生,所有壓電陶瓷在其表面產生波動的結合效應。對壓電陶瓷晶體來說,所產生的波動被傳遞到設備的彈性構件中,其波動是緊密排列的。齒數的彈性構件放大了波動,然後傳送到運動中的轉子。圖 3.21 示意出齒尖的詳細機制。齒尖進行著橢圓運動,而運動產生的摩擦來自於齒尖和轉子之間,這使得在切線方向產生橢圓旋轉。壓電陶瓷的激發頻率,決定了轉子的轉速。然而,齒尖的運動取決於許多其他因素,如產生的橢圓形狀的尺寸,齒和齒之間的距離。

圖 3.20　電子式馬達。1-轉子； 2-定子電極.

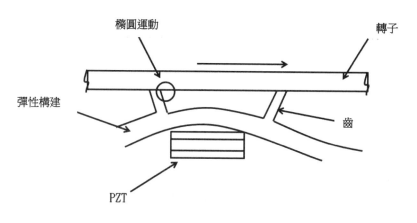

圖 3.21　超音波馬達

NEMS(Nano-Electromechanical System)的目標應用之一，在 NEMS 的藥物分配元件。這項技術可在生理上，具有直接且準確的傳遞機制，伴隨著奈米製造的藥物傳輸元件。實現這一目標的主要途徑，藉由此元件能在體內釋放藥物，且藥物能夠對其反應的奈米容器的製備能力。此外，由於此設備是能全身注入在身體裡，是不需開刀。由於這是基於刺激的傳遞，添加這種新型裝置的優點是在於分配藥物給只需要治療的細胞，避免任何不必要的藥物到正常細胞中。

3-3　選擇的準則

選擇適當的致動器是較感測器複雜,主要是由於其驅動器對整個系統動態行為的影響。此外,驅動器的電力選擇需求和整個系統的耦合機制上佔主導地位。而耦合機制有時完全可以被避免,若驅動器提供的輸出可直接連到物理系統上的耦合機制。例如,在旋轉馬達的平面中,選擇線性馬達可消除旋轉運動轉換成直線運動耦合機制的必要性。在一般情況下,以下性能參數可以做為選擇致動器前的一個參考依據:

1. 連續輸出功率:連續最大的力/力矩,不超過溫度限制。

2. 運動的範圍:線性/旋轉馬達的範圍。

3. 解析度:力/力矩達到的最小增量。

4. 精度:輸入和輸出之間的線性關係。

5. 峰力/力矩:驅對機構的力/力矩。

6. 散熱:連續運行的最大散熱功率。

7. 速度的特點:力/扭矩與速度的關係。

8. 空載速度:典型的運行速率/速度,無外部負載。

9. 頻率響應:頻率的範圍輸出跟隨著輸入,適用於線性驅動器。

10. 電力需求:電源類型(AC 或 DC)、相數,電壓等級,電流容量。

除上述提到的標準外,還有其他許多重要因素,會取決於電源類型和所需的耦合機制。例如,如果選擇齒條和小齒輪耦合機制,間隙和摩擦會影響驅動單元的解析度。

3-4　未來趨勢

智能致動器的性能與一些因素有關,可以分成三類:(1) 材料特性;(2) 設備設計;(3) 驅動技術。而其未來趨勢包含:

3-4-1　更高等級的性能

　　目前大家所關注的固態致動器大部分源自於智能材料和結構的發展，這一系列材料的演變是通階段逐步演進的，範圍從普通功能到進階演進至更智能的工作模式。從表 3.2 中列出的非對角連接地都有相應的逆效應現象(如壓電和逆壓電效應)，所以"傳感"和"致動"功能都能在同一個材料中實現。舉"豐田"汽車開發的電子調製懸掛系統為例，傳感器監測道路粗糙度，致動器通過調整閥門位置來改變減震比例，傳感器和致動器都是多層壓電裝置。

3-4-2　小型化

　　未來的研究趨勢將遵循兩個主要方向：大型設備用於更大系統如空間結構中；微型設備用於例如辦公和醫療機械的系統中，最小的設備將用於醫學診斷技術，如血液檢測試驗和手術導管。壓電薄膜與微電子機械系統(MEMS)的矽技術兼容開發將變得越來越重要。隨著微型設備尺寸的減小，從電源出來的導線重量變得更講究，微毫米級設備需要遙控，這樣光驅動致動器就成為微型位移應用中的首選。

3-4-3　集成化

　　要獲得更多功能和提高性能有時需要附加部件(例如，智能結構增加位置傳感器)，　因此增加了系統的複雜性，而開發相對複雜的系統通常需一跨領域的專業研究團隊，隨著團隊規模增加，個人部分的分工將變得更細，這樣的一個過程往往會增加生產成本，開發的效率降低。

　　另外，除元件尺寸更小外，小型化也需要降低總元件件數，為了使功能多和小型化都要滿足要求，就需要多功能化的材料，更智能化的設備中容許系統的元件更少。而只要簡單地評價一個裝置的整體性能相比，微型系統的性能就要根據性能/體積或性能/體積成本來獲得更好評價。

　　隨著集成程度升高，其可靠性就會變成一個重要課題，於是乎發展具有更複雜、更敏感的檢測能力系統是一個重大挑戰。

習題

1. 簡述單極步進馬達作動過程。

2. 請畫出圖普通金屬、形狀記憶合金和超彈性合金的應力-應變曲線圖。

3. 何謂"形狀記憶"。

4. 請列舉出選擇致動器前的參考依據：

參考文獻

1. 仲成儀器股份有限公司編輯部編著，光電檢測系統，全華圖書，1991

2. 苗沛元作 苗沛元著，現代紅外線系統工程實務，東華，2009

3. 劉博文編著，光電元件導論，全威圖書，2007

4. 林螢光編著，光電子學 原理、元件與應用，全華圖書，2010

5. 梅良模、蕭鳴山、劉希明著 依日光編撰，紅外線遙感測熱法：工業界如何應用紅外線映像裝置技術，復漢出版社，1994

6. 臺灣歐姆龍股份有限公司 FA PLAZA 編著小組著，OMRON 感測器技術與溫度控制器，五南，2009

7. 田民波、呂輝宗、溫坤禮，白光 LED 照明技術，五南，2011.6

8. 孫航永作，常用電子量測儀器原理，秀威資訊，2005

第四章　氣壓致動元件選配

華夏技術學院機械系　**蔡裕祥**

　　壓縮空氣(Compressed Air)的應用最早出現於希臘，利用壓縮空氣使氣弩砲有較遠的射程。但直到將氣壓(Pneumatic)技術在工業自動化(Industrial Automation)上的導入，才對其性質與原理做有效的深入研究，氣壓技術應用的主要目的在於減少人力之使用、提高生產力、降低生產成本、提高產品品質…等功能。本章主要針對氣壓概論、氣壓元件介紹、氣壓致動元件選配…等進行介紹。

4-1　氣壓概論

　　氣壓主要應用空氣壓縮機(Compressor)將空氣轉換成具有壓力能(Pressure Energy)的高壓空氣，利用管路把高壓空氣輸送至機台處，經過空氣調理組(Service Unit)調理空氣品質後，再使用控制閥體(Control Valve)操控壓縮空氣的流動方向，控制並驅動氣壓制動元件(Actuator)的動作，以達成節省人力及提昇可靠度的自動化生產製程。

　　今日：自動化工廠中，壓縮空氣已成為基本需求，在各式各樣的工業領域中 (如機械、電子、化工、食品、醫療…等) 均可找到壓縮空氣元件的應用。現今氣壓常結合繼電器控制迴路、可程式控制器、電氣控制、微電腦控制…等，來配合壓縮空氣以進行如：工件夾持、定位、工件夾取、氣動工具、衝壓、產品檢測、搬運、食品加工、醫療工業、位置控制……等工作製程。

4-1-1 壓縮空氣之產生

基本壓縮空氣的產生，主要由進氣濾清器(Filter)、空氣壓縮機、冷卻器(Cooler)及凝結水分離器(Separator)、儲氣筒(Accumulator)、乾燥機(Dryer)所組成，如圖 4.1 所示。

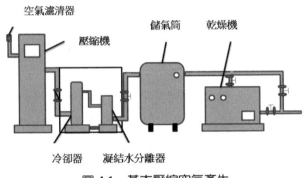

圖 4.1　基本壓縮空氣產生

進氣濾清器安裝於壓縮機入口，用以濾除空氣中之塵埃或較大懸浮物質，提供壓縮機所需的潔淨空氣，延長壓氣廠及各式氣壓元件的使用壽命。

壓縮機將空氣壓縮到所需求之工作壓力，使各種氣壓控制及制動元件達到正常運作。一般空氣壓縮機可分成兩大類：

1. 根據氣流原理工作，空氣自一邊吸入並藉質量加速使之壓　縮，如：軸流離心式壓縮機、徑流離心式壓縮機…等。

2. 根據位移原理工作，空氣被包圍在一個空間內，經由空間壓縮減小其體積，如：往復式壓縮機、迴轉式壓縮機…等。

冷卻器及凝結水分離器安裝於壓縮機之後，主要用以去除空氣內多餘的水分並分離凝結水，並同時避免油霧/空氣混合物產生爆炸。空氣經過壓縮後，壓力上升、體積縮小、溫度升高後含水量也跟著增加，水分凝結在管路或進到氣壓裝置內，容易使氣壓元件產生鏽蝕，因此必須先降到室溫以排除多餘的凝結水，冷卻機的示意圖如圖 4.2 所示。

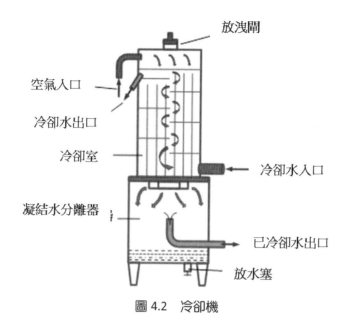

放浅閘

空氣入口

冷卻水出口

冷卻室

凝結水分離器

冷卻水入口

已冷卻水出口

放水塞

圖 4.2　冷卻機

　　儲氣筒的主要功用如下：1.儲存氣壓能量，2.減少壓力脈動，3.冷卻空氣並排除凝結水。直立式儲氣筒有兩個接出口，靠上方的為出口，靠下方的為入口，最高使用壓力一般限制在 10kgf/cm²，如圖 4.3 所示。

　　乾燥機的主要功用為減少壓縮空氣中的水分，可分為以下三類：

1.　潮解式吸收乾燥：通過化學乾燥劑，構造簡單，屬於純化學作用。

2.　再生式吸附乾燥：凝膠可吸附水份並充滿液體，熱空氣可帶走凝膠之水分，使之再生。

3.　冷凍式低溫乾燥：將壓縮空氣降到 1.7℃，大部分水蒸汽凝結成水排出，環境溫度愈低除水效果愈佳。

圖 4.3　儲氣筒

4-1-2　壓縮空氣之調理與配氣

　　壓縮空氣易受外來物質的汙染，包括水滴、油渣、塵埃、微粒、銹蝕氧化物...等，污染物會造成滑動件的滑動表面、密封套件與驅動元件的加速磨損，磨損會影響氣壓元件之功能和使用壽命。而水氣存在於空氣中，壓縮空氣冷卻過程水份將被析出，對氣壓系統和設備產生腐蝕及損壞現象。所有的氣壓元件皆須與壓縮空氣直接接觸，因此必須確保壓縮空氣的品質，使各種元件能正常運作並延長其壽命。因此，在終端工作元件取得使用壓縮空氣前，必須先經過空氣調理組(Regulator)提高空氣潔淨度、調整壓力及加入油霧，如圖 4.4 所示。

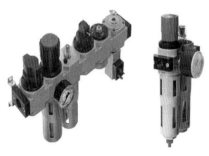

圖 4.4　空氣調理組

　　空氣調理組又稱為三點組合或調節單元，由空氣濾清器(Filter)、調壓閥(附壓力錶)(Pressure Regulator)及加滑油器(油霧器)(Lubricator)所組成。空氣調理組的目的為提供優良的壓縮空氣品質，使用時的注意事項如下：

1.　必須並注意壓縮空氣流向。

2.　要安裝於方便拆裝及保養之位置。

3.　流量以瞬間最大流量(Q_{max})為主。

4.　潤滑油量以平均流量(Q_{av})為主。

5.　使用的工作壓力不得高於空氣調理組上所標示的數值。

6.　空氣濾清器的使用溫度上限為 60℃。

7.　空氣濾清器的凝結水要定期排除，不可超出濾心高度。

8.　定期檢視空氣濾清器濾清元件的阻塞狀況。

9.　使用正確黏度的潤滑油。

10.　潤滑器的滴油數應依耗氣量進行調整。

11.　空氣調理組必須進行水平安裝，否則無法排水及吸油。

4-2　氣壓元件及符號

　　氣壓元件依照功用可分類為以下幾類：

1.　能的轉換：壓縮機、氣壓缸、氣壓馬達、擺動馬達等。

2.　控制機構：氣壓式、機械式、電磁式、按鈕式、彈簧式、滾輪式等。

以下將說明常見的氣壓元件。

4-2-1　能的轉換

1.　空氣壓縮機

　　可將電能轉換成氣壓壓縮能的裝置，應選用足夠馬力的空氣壓縮機，避免壓縮機經常運轉，壓縮機的氣壓符號如圖 4.5 所示。

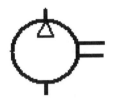

圖 4.5　空氣壓縮機的氣壓符號

2.　單動氣壓缸(Single-acting Cylinder)

　　可將氣壓壓縮能轉換成直線運動之動能，在氣壓缸的後端具有單一出入口，進氣時氣壓缸前進，不進氣時內部彈簧推動氣壓缸回行。可用於一些短距離動作的伸出或縮回，例如阻擋元件上或推料元件，單動氣壓缸的氣壓符號及示意圖如圖 4.6 所示，小型單動氣壓缸當擋料缸來使用，如圖 4.7 所示。

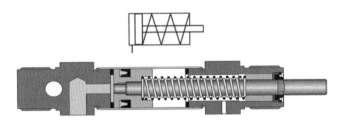

圖 4.6　單動氣壓缸的氣壓符號及示意圖

圖 4.7　小型單動氣壓缸

3.　雙動氣壓缸(Double-acting Cylinder)

　　雙動氣壓缸具有兩個出入口，後端進氣前進，前端進氣回行，活塞速度快的時候，內部增設緩衝裝置(Crushing)或外加緩衝器，避免前後端點撞擊，有助於增加氣壓缸的壽命，使用時避免承受側向力。雙動氣壓缸的氣壓符號及示意圖如圖 4.8 所示。氣壓缸內部構造主要包括：缸筒(Barrel)、前後蓋板(Cap)、襯套(Bushing)、活塞(Piston)、活塞桿(Piston Rod)、密封元件(Seal)、緩衝裝置…等所組成，雙動氣壓缸內部構造的示意圖及實體照片如圖 4.9、圖 4.10 所示。

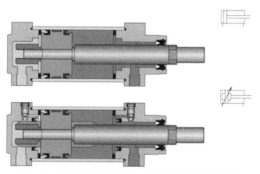

圖 4.8　雙動氣壓缸的氣壓符號及示意圖

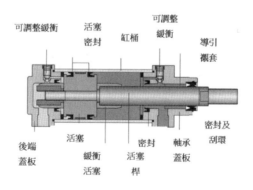

圖 4.9　雙動氣壓缸之內部結構

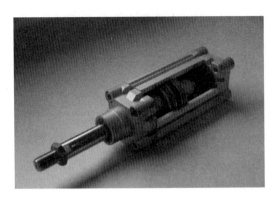

圖 4.10　雙動氣壓缸實體照片

4.　雙桿氣壓缸(Double Rod Cylinder)

　　雙桿氣壓缸具有兩個活塞桿,具有平行度佳、不易鬆動、適合長距離的平行移動…等優點,常用於不可旋轉(如前端加裝氣壓夾爪)或行程較長的應用,如圖 4.11 所示。

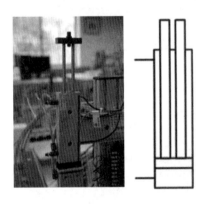

圖 4.11　雙桿氣壓缸的實體照片及氣壓符號

5.　無桿氣壓缸(Rodless Cylinder)

　　無桿氣壓缸為沒有活塞桿的氣壓缸,主要由機械耦合驅動,利用活塞或皮帶來帶動氣壓缸外部導塊運動,直徑 8、12、18、25、32、40、50、

63、80mm，行程長度最長可達 8500mm，其元件內部示意圖如圖 4.12 所示，無桿氣壓缸驅動氣壓夾爪之實體照片如圖 4.13，無桿氣壓缸在自動門的應用示意圖如圖 4.14。

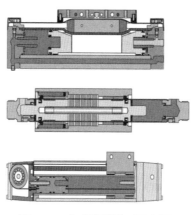

圖 4.12　無桿氣壓缸示意圖

圖 4.13　無桿氣壓缸之實體照片

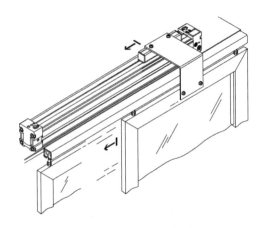

圖 4.14 無桿氣壓缸於自動門的應用

6. 旋轉缸(Rotary Cylinder)

旋轉缸可將氣壓能轉換成旋轉動能，可分為(1)旋片式直接氣壓驅動：扭力可達 40N・m，旋轉角度可達 270°。(2)齒條-小齒輪變換扭力可達 150N・m，旋轉角度可達 360°，但可以調整擺動的角度，其符號及示意圖如圖 4.15 所示，實體照片如圖 4.16 所示。

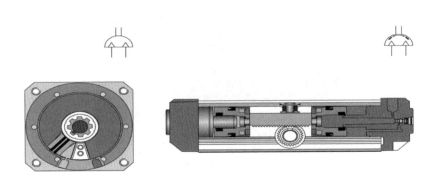

(a) 旋片式直接氣壓驅動　　　(b)齒條-小齒輪變換驅動

圖 4.15 旋轉缸之氣壓符號及示意圖

(a)旋片式　　　(b)旋片式配合擺臂　　(c)齒條-小齒輪變換驅動

圖 4.16　　旋轉缸

7.　彈性纖維氣壓肌肉(Fluid Muscle)

又稱之為氣壓肌腱，採用彈性纖維製造、且不具活塞桿的氣壓制動器，充氣時膨脹並長度縮短、排氣時收縮並長度增大，具有高動態特性、輸出力大、無遲滯-滑動現象…等特性，常用於仿生物肌肉的伸縮驅動器，尺寸為 10、20、40mm，額定長度為 40~9000mm，活塞作用力可達 6000N，如圖 4.17 所示。

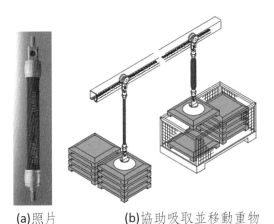

(a)照片　　　　(b)協助吸取並移動重物

圖 4.17　　彈性纖維氣壓缸

4-2-2　控制機構

氣壓在自動化領域的應用相當廣泛，其控制的三大要素如下：

1.　方向：控制氣壓缸、迴轉缸或氣壓馬達的方向。

2.　力量：控制氣壓缸的出力。

3.　速度：控制氣壓缸、迴轉缸或氣壓馬達的移動速度。

根據以上敘述，可依據控制機構上的功能、內部結構、切換方式、接口位置數、氣壓迴路的輸入輸出狀態及其它做以下分類。

1.　依功能分類：

(1)　方向控制閥(Directional Control Valve)

主要為控制滑軸的位置改變氣體流向，進而改變氣壓缸之前進、後退或氣壓馬達的轉動方向，方向控制閥如圖 4.18 所示。

圖 4.18　方向控制閥

(2)　流量控制閥(Flow Control Valve)

由流體力學之連續定理得知：若截面積固定，則速度與流量成正比，調整流量控制閥之開口越小，則空氣流量越小，速度越慢。公式如下：

$$Q = A \times V$$

(4-1)

其中 Q 為流量[m³/s](單位時間流過的流體體積)，A 為面積[m²]，V 為流速 [m/s]。流量控制閥如圖 4.19 所示

圖 4.19　流量控制閥

(3)　壓力控制閥(Pressure Control Valve)

壓力控制閥主要功能為調整及保持穩定之工作壓力，如圖 4.20 所示，壓力會影響到出力的大小：

$$p = \frac{F}{A} \tag{4-2}$$

其中 P 為壓力[N/m²](單位面積上的受力)，F 為力[N]，A 為氣壓作用面積[m²]，下列為常用壓力的單位換算：

1Pa=1N/m²

1bar=10⁵Pa=100kPa=0.1MPa=1.02kgf/cm²

1atm=1.01325bar=14.7psi=760mmHg

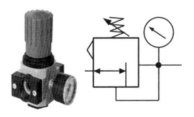

圖 4.20　壓力控制閥

2.　依內部結構分類：

(1)　提動閥(Poppet valve)

　　提動閥之閥體中央有一提動軸，藉由改變提動軸位置改變氣體流向，切換時膜片(密封環)不經過工作口，優點：壽命長，缺點：體積大，如圖4.21所示。

圖 4.21　提動閥

(2)　滑動閥(slide valve)

　　閥體中央有一滑動軸及若干密封環所組成，藉由改變滑動軸位置改變氣體流向，切換時膜片(密封環)需經過工作口，優點：體積小、流量大，缺點：需較佳之空氣品質，滑動閥示意圖及實體照片如圖 4.22、圖 4.23所示。

圖 4.22　滑動閥示意圖

圖 4.23　滑動閥

3.　依切換方式分類：

(1)　機械閥(Mechanical-Acting Valve)

　　由機械式如滾輪作動直接推動提動軸或滑軸移動，進而改變氣體流向，如圖 4.24 所示。

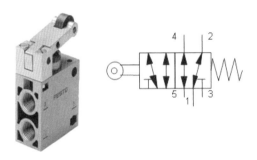

圖 4.24　機械閥

(2)　氣控閥(Pressure-Acting Valve)

　　由加壓式氣壓推動提動軸或滑軸移動，進而改變氣體流向，如圖 4.25 所示。

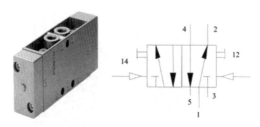

圖 4.25　氣控閥

(3)　電磁閥(Magnetic Valve)

係利用電磁線圈激磁改變滑軸位置，可分為直動型、內引導、外引導三種型式：

直動型：

直動型電磁閥的特點為靠線圈激磁將閥體軸心提起使閥位得以切換，優點為切換速度快，不受操作壓力限制，缺點為耗電流量大，如圖 4.26 所示。

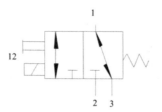

圖 4.26　直動型電磁閥氣壓符號

外引導：

特點為靠線圈激磁提起電樞桿，將外部引導氣源導入推動軸心使閥位得以切換，優點為不受操作壓力限制，耗電量低，缺點為配管較複雜，如圖 4.27 所示。

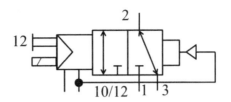

圖 4.27　外引導電磁閥氣壓符號

內引導：

　　為最普遍使用電磁閥，其特點為靠線圈激磁提起電樞桿將內部引導氣源導入推動軸心使閥位得以切換，優點為耗電量低、使用簡單，缺點為操作壓力受限制，如圖 4.28 所示。

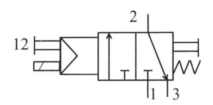

圖 4.28　內引導電磁閥氣壓符號

4.　依接口位置數分類：

　　X 表示閥的接口數，Y 表示閥的接轉位置(不包含控制口與導引口)，如 5/2 位閥，則表示閥的接口數為 5 個，閥的切換位置為 2 個，其中-接口：亦稱通路，即閥本體上的通路出入口。A、B 為工作口；P 為壓力口；R、T 為排氣口。切換位置：亦稱工作位置，即閥變換位置總數。若依方向控制閥由接口數目及切換位置數目分類，則有：

(1) 2/2 位閥

一般用於壓力源的管理,可分為正常不通及正常流通兩種,如圖 4.29 所示。

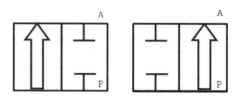

(a)接點(正常不通)　(b)接點(正常流通)

圖 4.29　2/2 位閥氣壓符號

(2) 4/2 位閥

常用於改變氣體流向、進而改變氣壓缸或旋轉缸方向的控制閥,如圖 4.30 所示。

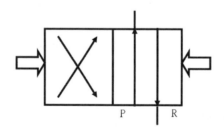

圖 4.30　4/2 位閥氣壓符號

(3) 5/2 位閥單邊電磁閥

五口二位單邊電磁閥的其中一邊氣閥有訊號產生時即輸出壓力源,訊號結束時靠內部彈簧將閥位切回初始位置。可用於正常位置之氣壓元件,也可來減少控制輸出點的數目,如圖 4.31 所示。

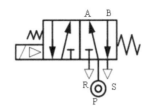

圖 4.31　5/2 單邊電磁閥氣壓符號

(4) 5/2 位閥雙邊電磁閥

　　當其中一邊氣閥有訊號產生時即輸出壓力源，訊號結束時保持閥位不變，具有記憶效應。可用於當只需要簡單動作之元件驅動，例如：氣壓夾爪夾取工件時不可掉落、推、擋料等只需往復運動元件，如圖 4.32 所示。

圖 4.32　5/2 雙邊電磁閥氣壓符號

(5) 5/3 中位加壓電磁閥

　　中位加壓可與外引導止回閥做配合，以達到氣壓缸停在中位時的準確度，可移動氣壓缸位置。可用於需要多點定位之氣壓元件，透過停止雙邊電磁作用、回復中間閥位，以達到精準定位的功能，如圖 4.33 所示。

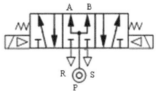

圖 4.33　5/3 中位加壓電磁閥氣壓符號

(6) 5/3 中位閉路電磁閥

當閥位變為中位時,氣壓缸用手無法移動。可用於需要多點定位之氣壓元件,不過在沒有激磁的狀態下,定位點會因都是閉路使其無法被移動,定位點並不準確,如圖 4.34 所示。

圖 4.34　5/3 中位閉路電磁閥氣壓符號

(7) 5/3 中位排氣電磁閥

當閥位變為中位排氣時,氣壓缸停在中位,用手拉可輕鬆移動。可用於在一些特殊氣壓元件之設計使用,例如當緊急狀況下切斷信號源,可以使得因中位排氣迴路讓氣壓元件可以輕鬆移動並排除問題,因而達到安全上的設計,如圖 4.35 所示。

圖 4.35　/3 中位排氣電磁閥氣壓符號

5. 依氣壓迴路的輸入輸出狀態分類:

(1) 梭動閥(Shuttle Valve)

氣壓迴路的 OR 邏輯運算,如圖 4.36(a)所示,不管是只有 1 有氣壓或是只有 2 有氣壓，或是 1、2 同時有氣壓，輸出端會有氣壓輸出。例如門內與門外都可使自動門開啟。梭動閥真值表，如圖 4.36(b)所示。梭動閥之實體照片如圖 4.37 所示。

1	2	OR 輸出
0	0	0
0	1	1
1	0	1
1	1	1

(a)OR 梭動閥之氣壓符號　　　(b)梭動閥真值表

圖 4.36　動閥之氣壓符號與真值表

圖 4.37　梭動閥

(2)　雙壓閥(Two-pressure Valve)

　　氣壓迴路的 AND 邏輯運算，A、B 兩個輸入端皆有氣壓，輸出端會有氣壓輸出。AND 邏輯之氣壓元件稱之為雙壓閥，如圖 4.38(a)所示，雙壓閥真值表，如圖 4.38(b)所示。雙壓閥之實體照片如圖 4.39 所示。

1	2	AND 輸出
0	0	0
0	1	0
1	0	0
1	1	1

(a)AND 雙壓閥　　　　　(b)雙壓閥真值表

圖 4.38　雙壓閥之氣壓符號與真值表

圖 4.39　雙壓閥

(3)　止回閥(Check Valve)

　　只允許氣壓延著單一方向前進，氣壓由左到右可以通行，由右到左堵塞、不可以通行。可用於有正壓或負壓的情況下，需要產生真空壓力與正壓破壞其真空的氣壓迴路上，如圖 4.40 所示。

圖 4.40　單向止回閥之實體照片與氣壓符號

(4)　外引導止回閥(Outer Pressure-guided Check Valve)

　　外引導止回閥除了正常的方向性外，當加上引導壓力時，可控制外引導止回閥在逆方向亦可流通的功能。常用於負載回路，可用於需要讓元件沒有氣源的情況下，自行保持該元件所定位之位置，而不會導致沒有給氣時自行移動，造成元件的損壞，如圖 4.41 所示。

圖 4.41　外引導止回閥之實體照片與氣壓符號

(5)　流量控制閥(Flow Control Valve)

　　又稱節流閥，為調整控制流量的閥件，並控制氣壓缸前進與後退速度，又分為雙向流量控制閥及單向流量控制閥，雙向流量控制閥可控制兩個方向的流量，如圖 4.42 所示。

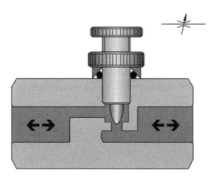

圖 4.42　量控制閥之示意圖與氣壓符號

(6)　單向流量控制閥(One-directional Flow Control Valve)

　　由流量控制閥與止回閥並聯所形成的元件，如圖 4.43 及圖 4.44 所示，單向流量控制閥可控制單一個方向的流量，當氣壓由左至右的流量無法通過止回閥，只好被迫通過節流閥，受到節流作用，由右至左時通過止回閥自由流動，可用於調整氣壓元件做動時的速度，因而達到穩定的速度，也是最常使用於控制氣壓元件單向速度的閥。依照單向流量控制閥的方向可分為進氣節流及排氣節流：

　　進氣節流(量入控制)：當氣體進入氣壓缸前，有效進行流量控制，如圖 4.45(a)所示。

　　排氣節流(量出控制)：當氣體離開氣壓缸後，才有效進行流量控制，如圖 4.45(b)所示。

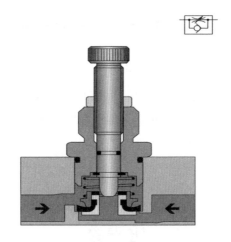

圖 4.43　單向流量控制閥之示意圖與氣壓符號

圖 4.44　單向流量控制閥之實體照片

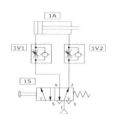 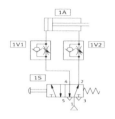

(a) 進氣節流(量入控制)　　　(b)排氣節流(量出控制)

圖 4.45　單向流量控制閥之應用

6.　其它：

(1)　氣壓夾爪(Pneumatic Gripper)

氣壓夾爪一般用於夾取工件，常配合具有記憶效應的 5/2 雙邊電磁閥來使用，避免因停電或不正常停機狀況導致工件掉落，常見的氣壓夾爪如圖 4.46 所示。

(a)圓料氣壓夾爪 1　　　　(b) 圓料氣壓夾爪 2

(c)圓料氣壓夾爪 3　　　　(d)圓料、方料兩用氣壓夾爪

圖 4.46　氣壓夾爪

4-3　氣壓迴路設計

　　瞭解氣壓基本知識之後，即可進行實際應用方面之迴路設計，可從基本氣壓控制順序動作開始，慢慢的進階到加入計時器、計數器等等，一般氣壓系統的架構係由(1)能源供應(Energy Supply)：提供氣壓能源及調節氣壓的裝置、(2)訊號輸入(Signal Input)：氣壓訊號的輸入裝置、(3)訊號處理(Signal Processing)：氣壓訊號控制的邏輯運算、(4)訊號輸出(Signal Output)：方向控制閥及(5)功能執行(Command Execution)：終端的制動元件所組成，如圖 4.47 所示。

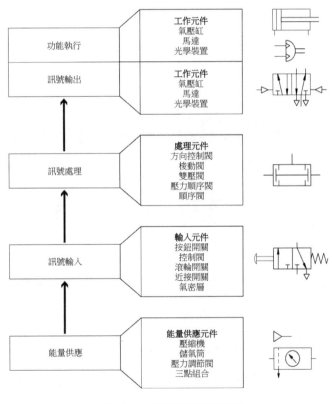

圖 4.47　氣壓系統的架構

一般簡易的氣壓迴路設計方法可分為：

1.　　直覺法：由設計者之主觀意識或經驗來設計迴路。

2.　　串級法：串級法以分級的方法來設計控制迴路的順序動作。

3.　　邏輯設計法：邏輯設計法利用邏輯法則來設計氣壓與電氣控制迴路。

本節將說明基礎氣壓迴路設計與電氣氣壓迴路設計。

4-3-1　基礎氣壓迴路設計

1.　單動氣壓缸，按鈕前進，彈簧回行：

按住 PB(按鈕開關)之 3/2 閥，閥位切換將氣壓導至單動氣壓缸的後端使活塞前進，放開 PB 按鈕則單動氣壓缸活塞利用內部彈簧回復，缸內壓縮空氣排至大氣，將活塞移動回初始位置，如圖 4.48 所示。

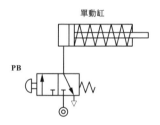

圖 4.48　單動氣壓缸，按鈕前進，彈簧回行

2.　調節單動氣壓缸之前進或後退速度：

如圖 4.49(a)，所示按住 PB 之 3/2 閥按鈕，閥位切換將氣壓導至單向流量控制閥，此方向受節流作用，使氣壓缸慢速前進；當放開 PB 按鈕則單動氣壓缸活塞利用內部彈簧回位，氣壓缸後退時不受節流控制，氣壓缸快速回到初始位置。

如圖 4.49(b)所示，按住 PB 之 3/2 閥按鈕，閥位切換將氣壓導至單向流量控制閥，不受節流作用壓縮空氣順暢流通，使單動氣壓缸快速前進，當放開 PB 按鈕則單動氣壓缸活塞利用內部彈簧回位，氣壓缸後退時受節流作用，只允許一部份壓縮空氣流通，活塞桿慢速回到初始位置。

　　如圖 4.49(c)所示，按住 PB 之 3/2 閥按鈕，由上方之單向流量控制閥控制氣壓缸的速度，使單動氣壓缸慢速前進，當放開 PB 按鈕則單動氣壓缸利用內部彈簧縮回，由下方之單向流量控制閥控制氣壓缸的速度，可同時控制活塞前進與後退之速度。

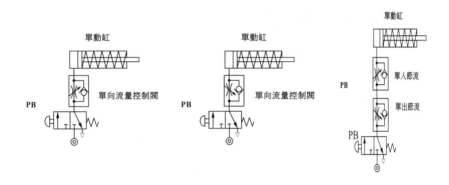

(a)調節前進速度　(b)調節後退速度　(c)調節前進及後退速度

圖 4.49　調節單動氣壓缸之前進或後退速度

3.　從不同點控制氣壓缸之運動：

　　如圖 4.50 所示，當按住 PB1 3/2 閥按鈕，閥位切換將氣壓導至梭動閥，壓縮空氣通過梭動閥使單動氣壓缸活塞前進，放開後單動氣壓缸縮回；按住 PB2 3/2 閥按鈕，也會經由梭動閥使單動氣壓缸活塞前進，放開後縮回，而 PB1 與 PB2 同時按下也可使單動氣壓缸活塞前進。

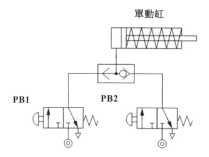

圖 4.50　利用梭動閥使 PB1 與 PB2 控制單動氣壓缸

　　如圖 4.51 所示，當只按住 PB1 3/2 閥按鈕，閥位切換將氣壓導至雙壓閥，由於只有一個訊號所以壓縮空氣無法使單動氣壓缸活塞前進，只按住 PB2 3/2 閥按鈕，也是沒作用；直到同時按住 PB1 與 PB2 3/2 閥按鈕，壓縮空氣才有辦法通過雙壓閥，經由雙壓閥使單動氣壓缸活塞前進，只要有一個按鈕放開，單動氣壓缸即會縮回。

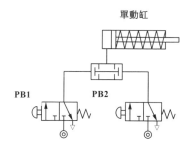

圖 4.51　利用雙壓閥使 PB1 與 PB2 控制單動氣壓缸

4.　利用方向控制閥來做氣壓缸前進與後退的間接控制：

　　當使用大直徑或長行程氣壓缸時都需耗費許多的壓縮空氣，排至大氣，若排放管路很長，所耗費的壓縮空氣也就越多，因此長距離控制線可採用較細之管線，取代直接控制之大管線，以節省能源的浪費，此種方法稱為間接控制。如圖 4.52(a)按住 PB 使壓縮空氣推動 3/2 方向控制閥，閥位向右推切換後即可使單動氣壓缸活塞前進，放開 PB 3/2 方向控制閥彈簧即會將閥位往左推，推回至初始閥位此時壓縮空氣排至大氣，單動氣壓缸活塞即會縮回初始位置。

如圖 4.52(b)，當按下 PB1 使壓縮空氣推動 5/2 方向控制閥，閥位向右推切換後即可使雙動氣壓缸活塞前進，由於 5/2 雙邊氣導方向控制閥為記憶型，所以即使放開 PB1 按鈕氣壓缸還是會保持伸出狀態，直到按下 PB2 使壓縮空氣推動 5/2 方向控制閥，閥位向左推切換後即可使雙動氣壓缸活塞縮回初始位置。

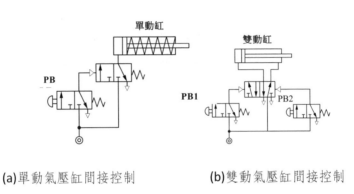

(a)單動氣壓缸間接控制　　　　(b)雙動氣壓缸間接控制

圖 4.52　間接控制

4-3-2 電氣氣壓迴路設計

電氣-氣壓迴路包括氣壓迴路及電氣迴路，氣壓迴路係指動力部份，電氣迴路則為控制部份。在設計電氣迴路之前，必須要先會先繪出氣壓迴路，先決定採用甚麼形式的氣壓缸與電磁閥，才有辦法做電氣迴路設計。

開關、驅動與間接控制之電氣元件符號如表 4-1 及 4-2 所示。

表 4-1　開關之電氣元件符號

名稱	a 接點	b 接點	c 接點
按鈕開關			
掀動開關			
極限開關（無外力作用）			
極限開關（受外力作用）			

表 4-2　驅動、間接控制之電氣元件符號

名稱	線圈	a 接點	b 接點	c 接點
繼電器	(R)	R ╫	R ╫	COM ─● R ╫ NO / R ╫ NC
計時器	(T)	T (a接點符號)	T (b接點符號)	
計數器	(C)	C ╫	C ╫	COM ─● C ╫ NO / C ╫ NC
電磁閥	(電磁閥符號)			

1. 雙動氣壓缸以 5/2 單邊電磁閥驅動，按鈕前進，彈簧回行：

　　如圖 4.53 當按住 PB1 按鈕開關，5/2 單邊電磁閥的電磁鐵會激磁將閥位向右推，壓縮空氣會經由電磁閥的通路流向雙動氣壓缸，使氣壓缸前進；放開 PB1 後電磁線圈斷路，此時電磁閥內的彈簧將閥位往左推變換閥位，壓縮空氣將活塞往後推，此時氣壓缸後退。

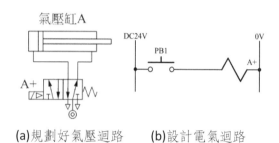

(a)規劃好氣壓迴路　　(b)設計電氣迴路

圖 4.53　5/2 單邊電磁閥驅動，按鈕前進，彈簧回行

2. 使用 OR 邏輯控制氣壓缸前進：

　　續上述氣壓迴路範例，使用 OR 電氣迴路用兩個按鈕控制氣壓缸前進。如圖 4.54 所示，按住 PB1 氣壓缸 A 前進放開 PB1 氣壓缸 A 縮回、按住 PB2 氣壓缸 A 前進，放開 PB2 氣壓缸 A 縮回、PB1 與 PB2 同時按住氣壓缸 A 也會前進。

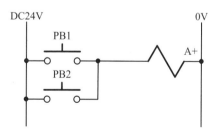

圖 4.54　OR 邏輯控制氣壓缸前進

3. 使用 **AND** 邏輯控制氣壓缸前進：

續上述氣壓迴路範例，使用 AND 電氣迴路必須同時按住兩個按鈕氣壓缸才能前進，只按住 PB1 或只按住 PB2 氣壓缸 A 不會前進、要同時按住 PB1 與 PB2 氣壓缸 A 才會前進，執中一個按鈕放開，氣壓缸 A 縮回，如圖 4.55 所示。

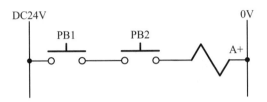

圖 4.55　AND 邏輯控制氣壓缸前進

4. 自保電路：

自保電路又稱為記憶電路，如圖 4.56 所示，按鈕開關 PB1 按下，繼電器線圈 R1 激磁，其第 2 條線上所控制的 a 接點閉合，故電流亦可經虛線所示電路流通，此時若使按鈕開關 PB1 回位，線圈 R1 保持激磁，故虛線所示電路即為自保電路。如欲使線圈 R1 消磁，按鈕開關 PB2 按下即可將自保電路切斷。

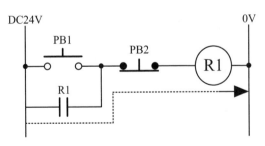

圖 4.56　決定好串級數

4-4　氣壓元件的選用及應用

4-4-1　氣壓缸的選用

　　氣壓缸規格的標註方法如下：安裝方式-缸徑-桿徑-行程-活塞桿端接頭形式-附屬裝置，其相對零組件關係，如圖 4.57 所示。

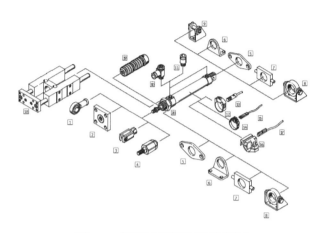

圖 4.57 氣壓缸相對零組件關係

1.　安裝方式：

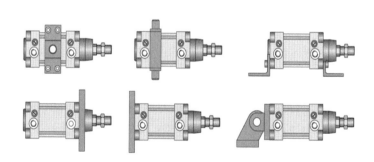

SD(標準型)　　TC(砲耳型)　　LB(側板型)

FA(前法蘭型)　FB(後法蘭型)　　CB(雙圓孔型)

圖 4.58 氣壓缸安裝方式

2. 缸徑：

若氣壓缸後端進氣，作用面積為全部缸徑面積A_F，則前進出力F_F可表示為：

$$F_F = \eta p A_F = \eta p \left(\frac{\pi}{4} D_F{}^2 \right) \tag{4-3}$$

其中η為負荷率(70-95%)，為考慮空氣可以被壓縮，出力會被折減、P為壓力、D_F為缸徑。

若氣壓缸前端進氣，作用面積為全部缸徑面積A_B，則前進出力F_B可表示為：

$$F_B = \eta p A_B = \eta p \left[\frac{\pi}{4} \left(D_B{}^2 - d^2 \right) \right] = \frac{2\pi\eta p}{9} D_B{}^2 \tag{4-4}$$

其中桿徑$d \cong \frac{1}{3}D$、D_B為缸徑。

選用缸徑：

$$D_c = \max \left\{ D_F, D_B \right\} \tag{4-5}$$

氣壓缸的商用缸徑尺寸(mm)如下：

8、10、12、16、20、25、32、40、50、63、80、100、120、160、200、250、320…

【EX】一支單桿雙動氣壓缸以垂直方向推升 20kgf 之重物，其負荷率$\eta = 70\%$、使用壓力 P＝6 kgf/cm^2、d(桿徑)＝1/3 D(缸徑)計，試選用合適的氣壓缸。

(SOL)

(一)向上推升

$$F_F = \eta p A_F = \eta p (\frac{\pi}{4} D_F{}^2)$$

20=0.7×6× π/4*D_F2

$D_B = 2.45cm$；選用缸徑 25mm 的氣壓缸。

(二)由下拉起

$$F_B = \eta p A_B = \eta p[\frac{\pi}{4}(D_B{}^2 - d^2)] = \frac{2\pi\eta p}{9}D_B{}^2$$

$$20 = 0.7 \times 6 \times [\frac{\pi}{4}(D_B{}^2 - (\frac{D_B}{3})^2)]$$

$D_B = 2.61cm$；選用缸徑 32mm。

故推升宜選用缸徑 Φ25 氣壓缸，若推升改為拉起選用缸徑 32 mm 的氣壓缸。

3.　桿徑：

桿徑指的是活塞桿直徑，一般桿徑≒缸徑/3。

4.　行程：

行程指的是氣壓缸活塞從後端移動到前端的距離。商用行程尺寸為 10、15、20、25、30、35、40、50、60、70、80、100、125、150、160、200、250、300、320、400、500mm。

活塞桿端接頭型式

活塞桿前端因連接不同部品，其接頭可分為 Y 型(前叉型)、P 型(魚眼型)、FK 型(自動對心耦合型)、KSG 型(平板耦合型)四種，如圖 4.59 所示。

(a)Y 型(前叉型)　　(b)P 型(魚眼型)

(c)FK 型(自動對心耦合型)　　(d)KSG 型(平板耦合型)

圖 4.59　活塞桿端接頭型式

　　氣壓缸上標註有 FA Φ50×20×200-Y 之記號，係表示 (1)前法蘭(flange)方式安裝，(2)氣壓缸徑 Φ50 mm，(3)活塞桿徑 Φ20 mm，(4)行程 200 mm，(5)活塞桿端接頭型式為 Y 型。

4-4-2　真空

　　真空指的是應用之氣壓為 1 個大氣壓力以下的範圍，必須以真空幫浦或真空產生器抽真空來應用，常用於工件的吸取，真空產生器與壓力開關如圖 4.60 所示。

　　真空在使用時的注意事項如下：

1. 真空閥和正壓力閥密封的方向不同。

2. 真空產生器所造成的真空度，無法依供應空氣壓力的提高而提高。

3. 在使用真空吸盤時，從吸盤接觸工件到把工件吸起來的動作，是以真空壓為依據，不是看吸起來時間長短。

4. 在真空吸盤與真空產生器之間，裝置空氣濾清器之作用再防止吸入異物。

5. 真空產生器之吸入口的真空度與吸入空氣流量成反比。

6. 為提高使用真空系統機器之生產效率，應使用真空破壞設備。

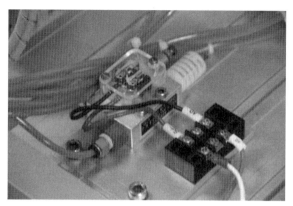

圖 4.60　真空產生器與壓力開關

若以真空吸盤吸取工件，其真空吸盤之直徑可由下列公式進行計算：

$$F \times N = \frac{p}{100} \times 1.033 \times A = \frac{p}{100} \times 1.033 \times \frac{\pi}{4} D^2 \qquad (4-6)$$

其中 F 為吸力[kgf]、N 為安全率、p 為真空壓力[kPa]、A 為真空吸盤之面積[cm^2]、D 為真空吸盤之直徑[cm]。

4-4-3　氣壓元件的應用

氣壓元件的應用範圍非常廣泛，在此針對全國技能檢定機電整合職類乙級技術士檢定，其中有許多氣壓元件的應用，如：

1. 震動送料與品質檢驗：其中使用到空氣調理組、擺動缸、退料單動缸、雙桿雙動氣壓缸、直進旋轉缸、真空產生器、真空吸盤…等氣壓元件。

2. 自動充填滴定分度加工：其中使用到空氣調理組、擋料單動缸、雙桿雙動氣壓缸、氣壓夾爪…等氣壓元件。

3. 姿勢判別與裝配：其中使用到空氣調理組、擋料單動缸、雙桿雙動氣壓缸、氣壓夾爪…等氣壓元件。

4. 顏色識別與天車堆疊：其中使用到空氣調理組、擋料單動缸、雙桿雙動氣壓缸、氣壓夾爪…等氣壓元件。

5.　自動倉儲存取：其中使用到空氣調理組、雙桿雙動氣壓缸、氣壓夾
　　爪…等氣壓元件。

習題

1.　有一真空吸盤以水平吊舉要吸取 2 kgf 之重物，其真空壓−65 kPa、安
　　全率取 4，應選用多大盤徑之吸盤？

2.　請說明空氣調理組(Regulator)的組成元件有哪幾個？其個別功用為何？

3.　請說明氣壓控制的三大要素為何？個別需要哪些元件來控制？

4.　請說明利用單向流量控制閥進行進氣節流(量入控制)及排氣節流(量出
　　控制)的原理及氣壓迴路？

5.　一支單桿雙動氣壓缸以垂直方向推升 50kgf 之重物，其負荷率 η＝75%、
　　使用壓力 P＝6 kgf/cm2、d（桿徑）＝1/3 D（缸徑）計，選用合適的氣
　　壓缸。

參考文獻

1. 吳秋松編著，氣壓控制學，超級科技圖書股份有限公司，2004

2. 呂淮熏、黃勝銘編著，氣液壓學，高立圖書有限公司，2012

3. Meixner, H. and Kobler, R 著　孫葆銓譯，機械氣壓學入門，飛斯妥 Festo 股份有限公司，1996

4. Meixner, H. and Kobler, R 著　孫葆銓譯，氣壓設備與氣壓系統的維護，飛斯妥 Festo 股份有限公司，1996

5. 台灣飛斯妥股份有限公司網站，www.festo.com.tw

第五章　各式感應元件選配

中央大學機械系　**李朱育　利定東**

　　感應元件對於電子產品就猶如人的五官，負責感應周圍環境所給予的訊息。而光電時代的來臨，半導體製造技術的演進，將原本只應用於軍事或太空、生物等科學研究之體積龐大、價格昂貴設備得以變的輕薄短小，帶入一般民眾可接觸的消費性產品上，凡舉掃描機、攝影機，數位相機和大樓保全系統等電子產品上，都可看見光感應元件的蹤跡。此類元件相較於傳統電子電路元件只討論電訊號的處理，將涉及到光電子學的範疇，也就是探討光訊號與電訊號之間的轉換機制。另一方面，設備運作時所產生的餘熱，或製程設備的製程環境溫度監控，則必須使用熱感測器。本章節將介紹幾種常見且成熟的光與熱感應元件，能夠提供讀者在應用上所需的基礎知識。

5-1　光感應元件
5-1-1　光二極體

　　光二極體主要由 pn 接面形式的 p+型半導體與 n 型半導體所構成，如圖 5.1。不同於一般 pn-junction diode 比例，p+型半導體佔全體的體積比例小，大部分區域為 n 型半導體。光由上側打入受光面，受光面由兩側環狀電極與中央抗反射膜組成，抗反射膜通常為氮化矽($Si3N4$)，可增加光利用效率。由於 p+型半導體裡的電洞濃度遠大於 n 型半導體電子的濃度，於 p+n 接面處形成空乏區，電子電洞對在空乏區內複合，但整個空乏區內 n 型半導體的體積占多數，空乏區內的電場方向為 n 型指向p^+型半導體。

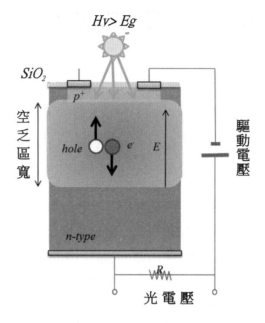

圖 5.1　光二極體結構

一般二極體是接順向偏壓(p 接正極 n 接負極)，光二極體卻是加逆向偏壓，正極接 n 型端，負極接 p+型端，此逆向偏壓會使空乏區的寬度 W 產生變動，例如電池所供應的電壓為V_r，空乏區的內建電壓為V_0，當 $V_r + V_0 > V_0$時，空乏區的寬度 W 增大，增大多少需參照二極體空乏區公式，由物理上可想成V_r在 n 端注入額外電洞複合 n 區載子，使空乏區更加寬廣。在逆向偏壓下，當有一能量高於能隙的光子照射二極體時，其能量被二極體吸收，使原本被束縛住的電子游離，產生電子電洞對，此稱光電效應，而空乏區內的電場會使電子電洞對分離。定義電洞移動方向為光電流I_{ph}方向，光電流流出外電路的移動，便提供電訊號。當漂移的電子到中性 n 區時，一個電子會離開 n 區而進入電池的電極。光電流I_{ph}會與通過空乏區的載子數目和漂移速率有關，也與入射光的波長相關。

我們可以把光二極體看成電流反應於光強度變化的元件，在巨觀上來看，光電流的大小會與入射光的照度和波長有關。為何光二極體須操作在逆向偏壓取決於其物理結構，可由其 V-I 特性曲線如圖 5.2 所示，若操作於順向電壓，輸入電壓一旦超越 0.3V，光電流便會急遽升高，無法維持原本穩流的作用，使原本具有移動電壓卻可固定電流功能的工作區段非常狹隘難以使用。若是操作在崩潰區可獲得較寬廣的工作區，類似操作在逆向偏壓的用法可參照基納二極體(Zener Diode)。

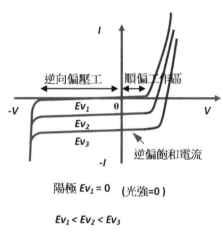

陽極 $Ev_1 = 0$ （光強=0）

$Ev_1 < Ev_2 < Ev_3$

圖 5.2　光二極體之 V-I 曲線圖

　　在觀察特性曲線的左半邊，也就是逆向偏壓區，發現其具有比順向偏壓區更寬廣的工作區，所以較常使用的方法為逆偏壓，在零偏壓點也有特殊的應用，即是光電流與照度成正比。在零偏壓下所產生的電流，稱為逆偏飽和電流或暗電流。在逆向電壓的操作下，若附加的電壓無超過此二極體的崩潰電壓，此時光電流幾乎和飽和電流一樣，此值甚小可使元件操作在低電流下，減少能量的損耗。

　　光二極體通常使用 InGaAs 銦鎵砷材料製作，可應用各種光電探測模組，例如 X 射線探測、生醫、自動控制、光通信等諸多領域。不同材料製成的光二極體，對應相同波長其靈敏度不同，實際產品橫跨紅外線至 X-ray

波段,有紅外線接收器、輻射計、可應用於紫外螢光或紫外驗鈔的平面擴散型光二極體、四象限探測器、血氧探測器、正電子照射斷層攝影、煙霧探測器和條碼讀取器等。

5-1-2 光電晶體

光電晶體,為雙極性的電晶體(BJT)和光二極體組合的構造,具有可控制光電流增益的光檢測器。其示意如圖 5.3 所示,同傳統 BJT 分為三層,此介紹常見之 npn 型,第一層為n+型,此層的電子的濃度遠大於電洞的濃度,為射極(E 極);第二與第三層為 p 型與 n 型,分別稱為基極(B 極)與集極(C 極)。由於光電晶體擁有兩個 pn 接面,所以存在兩個空乏區,個別有不同的作用。於 B-E 極之間的空乏區,其功用為控制電流增益;而 B-C 極之間的空乏區為產生光電效應的地方。

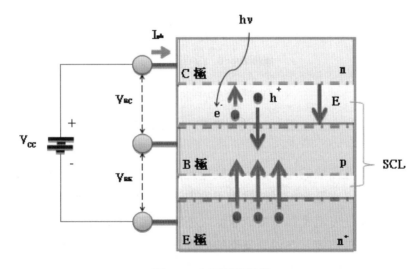

圖 5.3　光電晶體結構

當有外加電壓 Vcc 附加於射極與集極上,正端接集極,負端接射極。如圖 5.3,在光電晶體內部形成一個向左的電場。此電場增加 B-C 極間壓差,使右邊空乏區變大,但 B-E 極壓差縮小,使得左邊的空乏區變小。若此時有光子入射 B-C 間空乏區時，會在此產生光電效應，產生電子電洞對。此電子電洞對被左邊空乏區的電場分離，電子往 C 極方向漂移，電洞往 B 極方向漂移，使流往 B 極電流變大，由於 BJT 的電流放大效果是 B 極電流改變時，會使 C 極電流產生β倍的變動，下段將詳細說明。

　　圖 5.4(a)為光電晶體的簡化電路圖，由 npn 型所示。可視為光二極體與一般電晶體的組合，光二極體的兩隻接角分別跨接在電晶體 B 極與 C 極上，光電效應產生之 I_p 流入 B 極成為 I_B，則光電流 I_C 將受控為 β 倍 I_B，可以看成電晶體的基極電流是由光二極體所提供，但由於 I_C 即使將光二極體的訊號放大了 β 倍，本身還是很微弱，故廠商常使用兩個 BJT 湊成達靈頓對，圖 5.4(b)，可將 I_B 放大 2β 倍。

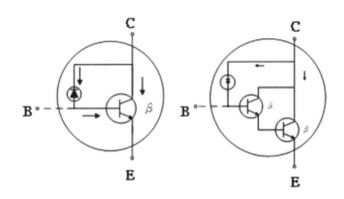

圖 5.4(a)　光電晶體簡化電路圖　　　圖 5.4(b)　達靈頓對改良型

　　光電晶體為光強度控制電流之元件，使光訊號轉為電壓訊號後再經由電晶體放大。由於在零電壓輸入或逆偏操作時光二極體存在逆向飽和電流，稱為暗電流。此電流也會被電晶體放大，造成光電晶體在輸出時存在一定的雜訊。因為半導體電流會受到溫度的變動而飄移，光電晶體的暗電流具有溫度效應，原因是溫度升高會使原本被束縛在半導體內電子脫離成為自由電子，使暗電流變大，溫度降低反之。

　　不同材料製成的光電晶體，對光的接收角與波長都有差異，也就是靈敏度的不同,如同光二極體一般,其具有寬廣的波段應用,元件的使用可選擇欲使用的波段上,靈敏度較高的光電晶體。除上述介紹之達靈頓對的應用,大致上與光二極體的產品大同小異,但因為有光控電流的特性,故對光強度的變化靈敏度更高,一般多被使用於高可靠性及高感度的小型精密儀器中,與紅外線發光二極體搭配使用,例如光耦合器。

5-1-3 累崩光二極體 APD(Avalanche photodiode)

如同前述光二極體,累崩二極體一般操作於逆向偏壓,且因為其具有高速暫態切換與內在增益,在短時間內交換大量信號,被廣泛的運用在光通訊上。其結構的示意圖如圖 5.5,從上至下可分為重摻雜的 n+層、p 層、淺摻雜的 p-doping 之π層與重摻雜 p+層。在 P 層的區域內稱為累崩區,在π層內稱為吸光區。其中 n+層做為光入射的窗口,為減少光入射過深損耗,所以厚度甚薄,π層為淺摻雜的 p 型半導體,其幾何厚度最大,主要是為了將通過 n+層的光子吸收,因為厚度寬使電場均勻將電子電洞對分離,並分別往 n+和 p+層漂移,流出外電路將光強度轉化為電訊號。

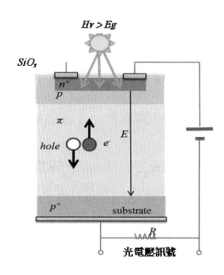

圖 5.5　APD 結構圖

　　累崩光二極體與一般光二極體差別在哪呢？主要是光二極體的原理主要是類似基納(Zener)崩潰發生於重摻雜半導體，利用能帶電子穿隧效應傳遞電子；累崩光二極體則是累增崩潰(Avalanche)或稱雪球崩潰，發生於淺摻雜半導體，此崩潰法需要操作於較大的逆向偏壓環境使電子電洞產生動能去衝撞原子，除了溫度效應使特性曲線向左或向右偏移的方向不同外，兩者特性曲線是非常相似的如圖 5.6。再回到圖 5.5，當光由入射窗口進入π層，於吸光區內產生光電效應。產生的電子電洞對被電場分離，往兩極移動。漂移達 p 層(累崩區)的電子受到逆偏較大的電場作用，得到足夠的動能去撞擊原子共價鍵而釋放出電子電洞對，而這些電子電洞對又會因電場施加動能而去撞出更多的電子電洞，形成如雪崩般崩潰的電流，如圖 5.6 所示。

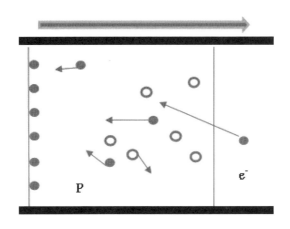

圖 5.6　累崩撞擊電離的過程

　　APD 需在高逆偏環境下工作才會有崩潰現象，操作電壓約為 50~300V，且具有較大的溫度效應。如下圖所示，電流變化與溫度成反比，為了使增益穩定，常需設計溫度補償電路補足先天上的缺陷；另外由於累崩現象是屬隨機發生，會不時有雜訊混入，降低雜訊也是必須考慮的要點。

　　累崩光二極體一般分為通達型(Reach-through APD)與保護環型(Guard ring APD)，如圖 5.7 所示。RAPD 具有高切換速度，因為累崩的增益可在短時間撞擊產生較大電流，比起一般二極體漂移電流和擴散電流的速度快上很多。但在工作模式下，其n⁺p接面邊緣的高電場也會誘發另一累增崩潰，使兩端都在崩潰，偏壓下降效益不彰。改善型 GAPD 在 n+型半導體外圍多加一圈 n 型半導體護環。使得 n+p 接面邊緣的空乏電場不至於因摻雜濃度差異太高太強烈而崩潰，較通達型 APD 來的穩定。

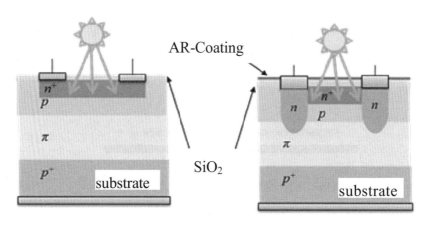

圖 5.7　GAPD 與 RAPD 結構圖

5-1-4　光敏電阻

　　如圖 5.8 所示，光敏電阻的結構為在半導體兩側安裝金屬電極，常用的材料為硫化鎘，另外還有硒、硫化鋁、硫化鉛和硫化鉍等材料。這類材料對濕度敏感，需包覆防潮膜層例如玻璃以保持品質。由於發生光電效應的位置僅限於半導體材料表面，所以做成薄片以便吸收更多的光能，且採用梳狀電極提高靈敏度如圖 5.9 所示。

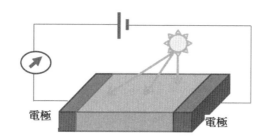

圖 5.8　光敏電阻結構圖

圖 5.9　梳狀電極

　　當光線照射表面時，原子吸收光能使外層束縛電子成為自由電子。照度越強，自由電子形成之電流越大，電阻值便相對下降。所以可以說在特定波長的光照射下，光敏電阻具有光強度與電阻值成反比的特性。但由於光敏電阻在室溫的無光環境下，也存在一電阻值，稱為暗電阻，而此時測得的電流值，稱為暗電流；反之在室溫且固定波長的光充足照射下所測得的電流值稱為亮電流，對應該光之亮電阻。欲求光敏電阻真正電流差值，在定義光電流＝亮電流－暗電流。續探討其電阻特性，如同電阻為電壓與電流的比值，若固定照度，端電壓與光電流也呈現此特性，稱為伏安特性。依此特性可發現三者關係為固定某一參數，便可使另兩參數呈線性控制，應用如定偏壓下，照度與光電流成正比，可作為光感測器用。每一顆光敏電阻都存在著最大額定功率，若超過則恐造成電阻過熱燒毀。

　　同種材質之光敏電阻，有其適合的光譜波段，也就是對何種光波長的靈敏度，稱為光照特性。元件的光照特性也存在著溫度效應，當溫度升高時，使得暗電流上升，元件的線性關係將改變，光譜特性曲線會產生飄移。

不同類型的光敏電阻存在著不同的照光性，常見的材質有 CdS 與 CdSe。根據光敏電阻的光譜特性，可分為三種光敏電阻器：紫外光敏電阻器、紅外光敏電阻器、可見光光敏電阻器，廣泛應用於照相機、照明、驗鈔機和聲光娛樂等光自動開關控制領域。

5-1-5 光電管與光電倍增管

結構如圖 5.10 所示，玻璃管抽真空後安置陰極與陽極。陰極為在玻璃管壁刷上感光材料的半圓柱形電極，常使用汞、金、銀等，可視不同波段需求。陽極為接收陰極發射之光電子在圓柱中心設計成金屬絲的形狀。但由於光電流訊號相當微弱，易被雜訊掩蓋不易分辨，管內也可填充低壓惰性氣體，在光電子行進陽極的過程中碰撞氣體分子而撞出更多自由電子放大訊號，可增加光電管的靈敏度，但缺點是靈敏度在使用一段時間後會快速衰退，原因是正離子轟擊陰極會破壞結構。但由於光電管有著靈敏度低、體積大、易碎等缺陷，現已被積體電路取代而十分少見。而光電倍增管為光電管的改良，其於陰陽極間加入數個次陰極(倍增電極) 如圖 5.11 所示，藉由陰極電子前往陽極的途中反覆撞擊次陰極釋出更多的電子，效率比惰性氣體好，方可達到倍增的目的。

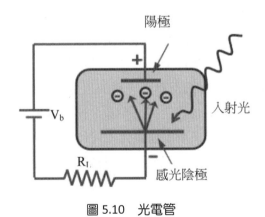

圖 5.10　光電管

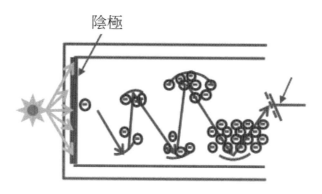

圖 5.11　光電倍增管

　　光電管的工作原理為外光電效應(external photoelectric effect)，即當材料在入射光子的能量大於電子束縛能時，電子會游離出材料表面，光電子經由電場施力進入高電位的陽極，此現象通常發生於金屬，而能激發不同金屬外光電效應的光波長不同，光子的能量(hv)需克服材料功函數 φ，材料才會游離出電子，細則可參閱愛因斯坦的光電效應理論。光電倍增管則是利用二次電子釋放效應使其產生內在增益，設計上以陰極最低，各次陰極遞增電壓的情況下，電子將會被一次一次的引導往高電位走，並沿途撞擊次電極釋放更多電子，最終進入電壓最高的陽極。其放大效率可達 106 ～107 倍。

　　常見光電管有 1.中央陽極型：就為上述結構，陰極面積大且為柱狀結構，光電子從光陰極飛向陽極的路程相同，缺點是需要較高的陽極電壓來吸引光電子接收以避免電子無法命中陽極。2.中央陰極型：由於陰極受光面積小，光電子訊號將會非常微弱，僅適合探討材料或光源物理特性，不適合做為電路設計元件 3.平行平板型：如同圓柱形，電子行徑路程相同也較穩定。4.圓筒平板陰極型：優點是體積小、穩定度高。以材料適用頻率來分類，銻銫製作陰極對可見光靈敏度高，紅外光源採用銀氧銫陰極，紫外光源可用銻銫或鎂鎘陰極。

5-1-6　CCD 感測器

　　CCD(Charge Coupled Device)也稱電荷耦合器，如圖 5.12 所示，結構分三層，頂層是微型鏡頭，具集光效果，可使感光度提升。中層是彩色濾光片以及底層感光層。感光層是 CCD 的核心部份，為 MOS(Metal-Oxide-Semiconductor)結構，上有依陣列整齊排列的電容，能感應光線強弱並量化為數字，供還原影像與後端電腦運算所用。如圖 5.13 所示，以 P-type 半導體為基板，上方覆蓋一層薄膜絕緣透明氧化物(通常為 SiO_2)，並可在絕緣氧化物上方置入規則排列且彼此靠近(約為 1μm 以下)的電極。最後一個金屬電極為閘極，旁為 N-type 半導體，與下方 P-type 基板形成二極體。

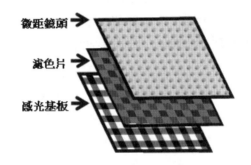

圖 5.12　CCD 三層架構

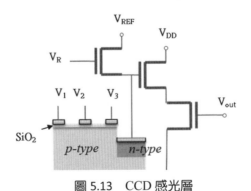

圖 5.13　CCD 感光層

　　在電極給予正向偏壓，絕緣層下的 p-type 基板內多數載子電洞被排擠形成空乏區。而少數載子電子便受正電壓吸引儲存於此，形成一個正電負電分離的小電容，稱為位能井，如圖 5.14。當有光入射到 CCD 表面時，特定光線穿越 SiO_2 至 p-type 基板發生光電效應游離出電子。光強度與游離電子數量成正比，並會受電極的電場作用再次被收集於位能井，電容值上升，故電容值可經過換算反推得光強度。位能井內電荷若要同時取出需要複雜且較高的技術門檻，所以目前以電極控制電壓的方式，循序取出，達到移動電荷的目的。如圖 5.15，原理類似移動磁鐵吸附玻璃盒內的鐵粉般。先考慮移動一組位能井電荷情形，光線只照射最左邊電極並產生光電效應，將最左邊電極通正偏壓產生位能井，而後右方電極也通入正偏壓，由於電極間距很接近，使電荷可以跨越位能井，此時電荷會平均分配，切掉最左邊電極的偏壓，電荷便會全吸入右方位能井中完成橫移一位像素，藉由給予特定的時脈電壓訊號，例如方波，可將位能井訊號循序輸出至最右方二極體傳出 CCD，閘極的功用為給予偏壓控制 CCD 電荷傳出的開關，如同水龍頭的功能。

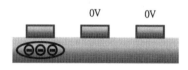

圖 5.14　CCD 位能井

圖 5.15　CCD 電荷移轉模式

CCD 依取出方式可設計不同的的時脈電壓去控制電荷訊號的移動,常見分為四相、三相、兩相的時脈電壓;若依照維度分類,可分為一維 CCD、二維 CCD 。一維 CCD 為上述架構,二維 CCD 又可依輸出電荷方式分類全圖框式、圖框移轉式及交線移轉式。全圖框式如圖 5.16 所示,有著相當大面積的感光區,架構最簡單但需要搭配快門,有著曝光完成時快門關閉等待取像,CCD 暫時無法感光的缺點。

電荷依序送至序列暫存器暫存,等待外電路讀取。圖框轉移式結構在感光區與序列讀取暫存器之間多加入一不透光儲存區,如圖 5.17 所示。位能井內電荷會被快速的傳至不透光儲存區。電荷將整列傳送至暫存器內,讀取速度上會比全框式快速。交線轉移式使用不透光垂直位移暫存器如圖 5.18 所示。每一行感光區對應一行不透光暫存器,感光後整行直接輸出再傳至序列讀取器中完成訊號轉換,速度最快,且交線型 CCD 擁有電子快門,也就是轉移閘來控制曝光時間。

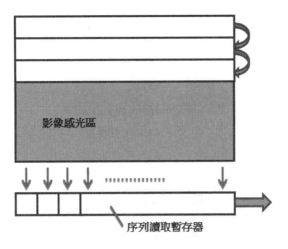

影像感光區

序列讀取暫存器

圖 5.16　全圖框 CCD 架構

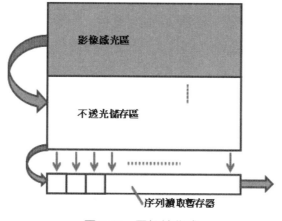

圖 5.17　團框轉移式

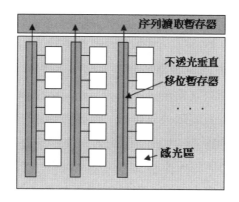

圖 5.18　交線轉移式

5-1-7　CMOS 感測器

為互補式金屬氧化物半導 Complementary Metal Oxide Semi conductor 的縮寫，此種積體電路製程，可在矽晶圓上整合製作出 PMOS 和 NMOS 互補性邏輯元件，若再搭配具有感光性質的光二極體或 MOS 電容，便可作為光感測器。舉主動式 CMOS 為例子，多個像素採陣列式排列，相較於 CCD，CMOS 每個畫素都對應一個放大器(MOS 本身就可當作放大器)，所以每個畫素有獨立的地址，可直接轉換信號而不需像 CCD 需存放在暫存

117

器序列中，在訊號處理上較為方便。以下介紹兩種不同電路結構的基本型，被動式像素感測器(passive pixel sensor, PPS) 與主動式像素感測器(active pixel sensor, APS)，其差別在於訊號是否經過主動元件送至後端電路來區分。

PPS 型 CMOS 結構如圖 5.19，光二極體與 NMOS 的 S 極串聯，並給予列選取電路上 NMOS 的 G 極導通電壓，而光二極體因光強度產生的光電流將會改變 GS 極間的電壓差 V_{GS}，使 D 極電流受到 V_{GS} 的變化而受控，產生一放大倍率的受控電流傳至行選取電路，再經由解碼器將訊號取出。具有的耗電量小、雜訊低且訊號動態範圍(感光亮到暗的 range)較小；APS 型的 CMOS 結構如圖 5.20，在每一個像素內再外加一個重置器與放大器，重置器 D 極有外接驅動電壓 V_{DD}，其 G 極可控制 V_{DD} 是否給予光二極體導通的電流，且此電流受到 G 極電壓受控為一穩定電流流入光二極體，光二極體一端接重置器 S 極，另一端連接右端放大器的 G 極且為開路，所以光二極體產生的光電流跟重置器的穩定電流一起流往接地端而不會穿過放大器，對放大器 G 極只有電壓差的改變，此開路架構可使光二極體受到一層重置器的保護而有效阻隔外界雜訊，訊號將會傳至第二放大器再次放大，雖然有倍率上的優勢，但由於一個像素內放置多個 CMOS 元件，使感光面積被壓縮，感光度下降，改善的方法是在每個像素上加上微型透鏡增加感光度。此感測器具有大的感光動態範圍，畫質好雜訊比高。

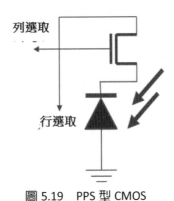

圖 5.19　PPS 型 CMOS

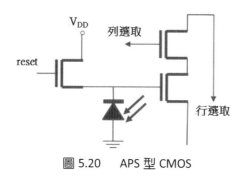

圖 5.20　　APS 型 CMOS

　　除了上述介紹的主動式與被動式架構，還有數位式架構(Digital Pixel Sensor,DPS)，DPS 利用輸出數位訊號存至記憶體，有效降低遠距離傳輸失真和衰減，但因為需配置比主動式更多的電晶體於像素中，感光面積占整體面積更小，故感光度並不好，目前市面主流還是以 APS 架構為主；除了一架構分類，還可依據感光元件的不同可分為兩類，第一類使用感光元件 MOS 電容為 Photogate 型；第二類使用 p-n junction 光二極體為 photodiode 型，由於藍光訊號進入 photogate 架構會發生衰減現象，所以 CMOS 感測器還是以 photodiode 型為主流。

5-2　熱感測元件

　　一般熱感測元件大致上可以分為接觸式與非接觸式兩類。所謂接觸式熱感測元件，是指溫度感測器會接觸到受測體，這種方式因直接接觸的關係，會使受測體的熱能傳導至溫度感測器，使得受測體的溫度下降，這種作用方法，適合用在受測體很小且檢知微弱熱能最顯著。非接觸式熱感測元件，則是一種量測來自受測體所發射輻射熱的方法，這種方式能測出物體以外的溫度，故可用於接觸式無法想像之處，其應用更加多采多姿，如許多半導體設備溫度量測方面等。

5-2-1　接觸式熱感測元件

1.　熱電偶式：

由二種不同的金屬構成，焊接尖端製成迴路，如圖 5.21。

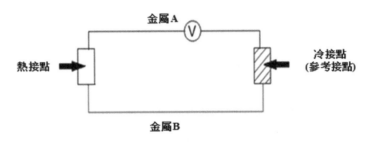

圖 5.21　熱電偶式構造圖

利用兩種不同的金屬，當兩處的接點溫度不同時，會產生對應熱電動勢，這種現象稱為 Seebeck effect，因金屬線的熱接點和冷接點(又可稱基準接點)的溫差而定，熱電偶利用此熱電動勢量測高溫，將此電壓作為溫控器的輸入訊號來感測溫度，此方式為熱電偶式感測器。

基準接點通常都裝在指示或控制儀器內，為了避免接線電阻受溫度影響造成測量誤差，選用連接控制儀器的材質極為重要，在熱電偶回路中插入第三種金屬，其性質會選擇與熱電偶材質完全相同或熱電特性極類似的補償導線連接，且其兩端連接點溫度相同，不影響原來測量數值，此設計可大幅降低誤差，使得量更精準。表 5.1 為熱電偶主要規格。

表 5.1　熱電偶主要規格有(依日本工業規格協會(JIS)規定)

種類	材質		測定溫度	允許誤差	特徵
	＋	－			
R	白金 (鉻 13%)	白金	0℃~1600℃	±1.5℃ 或測定值的±0.25%	價格高，但可耐高溫到 1600℃
K	鉻鎳	鉻鎳	0℃~1200℃	±2.5℃ 或測定值的±0.75%	可使用至 1300℃高溫
J	鐵	康銅 (銅 55%) (鎳 45%)	0℃~750℃	±2.5℃ 或測定值的±0.75%	比 K 便宜，使用溫度較低

　　如圖 5.22，熱電偶的感應電動勢是由熱接點與冷接點的溫差所產生而成，實際的情況下，冷接點會隨著室溫產生變化，因此即使熱接點溫度相同時，測量溫度的數值亦有變動，造成量測上的誤差，所以會進行電器補償，使冷接點隨時處於 0℃狀態的行為，此方法稱為冷接點補償。當測溫點與溫控器距離遙遠時，若使用普通導線量測溫度，易有誤差的情況發生，而且因為線材昂貴，所以會使用便宜的補償導線做延長，此導線必須對應正在使用的熱電偶，其熱電特性需相似。

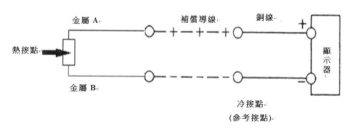

圖 5.22　補償迴路示意圖

2.　白金測溫阻抗體：

在陶瓷管、雲母上纏繞細長的白金導線，如圖 5.23。

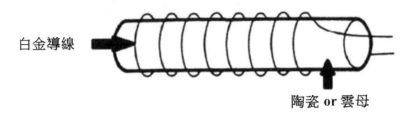

白金導線

陶瓷 or 雲母

圖 5.23　白金測溫阻抗體示意圖

利用白金本身的阻抗隨著溫度上升而上升的特性，將細長的白金導線纏繞在陶瓷管或雲母上，導線電阻值會受到周遭溫度變化影響，溫度升高時電阻變大，溫度降低時電阻變小，因此利用導線電阻值推算溫度，利用這種方法計測溫度的元件稱電阻式溫度感測器。有很多種金屬均可製造此類元件，其中以白金(Pt)穩定性高，最常使用。

以「金屬名稱+數字」表示規格，以 Pt100 為例，Pt100 是指 0 ℃時電阻值為 100 Ω 的白金測溫電阻體，引線一般依導線數目可分為二線式、三線式、四線式三種，如圖 5.24。為了減低連接線電阻的影響，通常使用三線式，而四線式則是最理想的防止誤差配線方式。

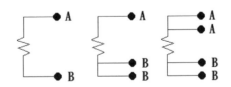

圖 5.24　二線式和三線式及四線式示意圖

3.　熱敏電阻：

一種燒接半導體，利用阻抗隨溫度上升而下降的特性，具有很大負溫度系數的元件，也就是溫度上升時它的電阻值會下降，利用電阻值的下降可以推算出溫度度數。

(1)　比率式：

由於檢測部使用珠狀熱敏電阻，溫度特性並非線性，適合量測溫度之範圍很窄，係屬於分散特性不具互換性，所以在熱敏電阻上加上電阻回路(互換轉接器)來修正元件特性的偏差，使其具有互換性，加大量測溫度範圍。有多種測溫範圍可供選擇(如：-50~+50℃、0~100℃、50~150℃、100~250℃、150~300℃等)。熱敏電阻測溫體的保護管和互換轉接器應以同一型號做為一組加以使用。

(2)　元件互換式：

由於檢測部使用珠狀熱敏電阻，溫度特性並非線性，適合量測溫度之範圍很窄，係屬於分散特性不具互換性。選擇額定阻抗值及熱敏電阻常數的熱敏電阻元件，使二個串聯或並聯組合使用，以彌補其特性分散的缺點，使其具有互換性，加大量測溫度範圍。測溫範圍如下表，可由測溫體引線上色碼直接區分。表 5.2 為熱敏電阻規格

表 5.2　熱敏電阻規格

溫度範圍	顏色碼	額定電阻值	熱敏電阻常數
-50~+50℃	藍	6KΩ(0℃)	3390K
0~100℃	黑	6KΩ(0℃)	3390K
50~150℃	紅	0.55KΩ(2000℃)	3450K
100~200℃	黃	6KΩ(0℃)	4300K
150~300℃	綠	6KΩ(0℃)	5133K

4.　各種接觸式熱感測元件特徵比較：

	熱電偶式	白金測溫阻抗體	熱敏電阻
原理	熱電效果	阻抗與溫度成正比	阻抗與溫度成反比
測溫範圍	-200℃~1700℃	-200℃~650℃	-50℃~350℃
反應速度	快速	緩慢	快速
優點	構造簡單、價格低、測量小地方溫度、熱反應快、耐振動性、測高溫	量測精度高 穩定性高	價格低、測量小地方溫度、高敏感、阻抗隨溫度改變的變化率大、不易受連線阻抗影響
缺點	需有基準點、熱電動勢變化率小、以溫差方式檢測故需修正冷接點溫度 環境影響	價格貴、熱反應慢、耐振動度低、無法測量高溫 測溫部大分藉由測定電流自行加熱	非線性的變化率、無法測量高溫、溫度量測範圍小、需根據測溫範圍選定種類(互換性低)

5-2-2　非接觸式熱感測元件

1.　紅外線熱像儀：

　　在日常生活中，電子機器常裝有各種電子零件，隨著電子元件電路的高密度化及高敏感度，電子機器中溫度是影響其效能及壽命的影響因素之一，為使有限的空間內溫度保持所定之值，在溫度的監測上是非常重要的課題。尤其在積體電路產業上有各式各樣的半導體元件，電容器，電阻器，這些元件在運作中所產生之熱量，傳熱至機器中各部份，導致電子器材溫度提升，而此過程是不樂見的。為監測電子機器溫度之分佈，一般在無法接觸物體時，會採用紅外線熱像儀作溫度上之解析。

　　紅外線熱像儀利用紅外線感知器感應待測物其所發出之紅外線輻射，將紅外線輻射轉換成電子信號，而電子信號則可為電壓或電流傳遞，而將電子信號處理後，成像於顯示器上，並計算出溫度，以便獲得資訊，如圖 5.25。其中以紅外線感知器為最重要的組件，需具有高靈敏度和短的反應時間，以利及時偵測。而熱像儀屬被動的方式偵測儀器，故無法穿透遮蔽物後方，但若待測物緊鄰遮蔽物時，可因輻射能量傳導得知其所具有之能量。

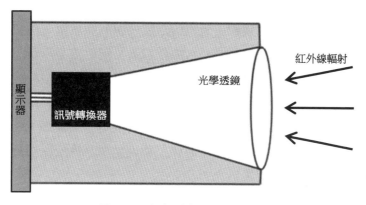

圖 5.25　紅外線熱像儀概念圖

　　完整的系統架構，如圖 5.26 所見，由光學單元，感測單元，信號處理單元，視頻輸出單元所構成，係指待測物之紅外輻射經由物鏡成像並聚焦於感知器上，由感知器初步處理，將信號放大並轉換成數位信號後，由信號處理單元進行信號分析處理，最後在轉號成類比信號成像，即可輸出至顯示器上供使用者觀看。

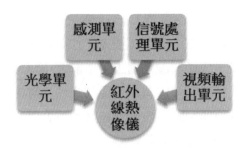

圖 5.26　紅外線熱像儀基本架構圖

　　光學單元即紅外線物鏡組，而物鏡為紅外線熱像儀第一個接收紅外線輻射的儀器，因紅外線屬於長波長，故較容易受繞射效應影響，紅外線物鏡組結構材料常使用矽，鍺。而短波紅外線和可見光所使用的光學透鏡運用的材料相同，一般所稱的紅外線通常是指中波和長波紅外線。可見光的材料選擇性較紅外線來的廣泛，且紅外線材料成本一般偏高，紅外線透鏡選用材料與可見光不同，但在光學製作工藝則類似，傳統採用折射光件的做法製作，而另一種常用設計為折反射式。

　　感測單元是系統中關鍵的技術，感測單元工作原理為待測物所釋放的紅外線輻射，經光學透鏡使輻射聚焦於杜瓦瓶內之檢知器焦平面上，將光子訊號轉成電子訊號後，由訊號處理單元將計算溫度及成像。

　　信號處理單元由前置電路，成像電路，驅動控制，其他特殊功能電路和顯示器相關電路板等所組成。待測物之紅外線輻射(光子)經過檢知器後所轉換的電子訊號，需由信號與影像處理之後，才能成為有用的訊息。

　　待測物之紅外線輻射信號經由檢知器將光子信號轉換成電子信號，再由信號處理單元處理後，即為最終可用之信息，其中墊子影像或經特殊功能信號處理系統運用後的訊息，均需利用顯示器以便人眼獲取資訊。

2.　輻射式高溫計：

　　在製程上的溫度量測，則非仰賴非接觸式的感測器如輻射式高溫計。所有的物質凡所處溫度高於絕對溫度零度(-273 ℃)以上，物體皆會因內部分子振動而有強弱不等之熱輻射。其輻射量與物體的放射率及物體的溫度有關，物體越熱，其分子就愈加活躍，它所發出的紅外能量也就越多。由於熱產生輻射，以紅外線感測器接收物質所釋放或表面反射的熱輻射，物質所發出的光波長與溫度成反比，溫度愈高波長愈短。輻射式高溫計之溫度量測原理是利用光感測元件吸收晶圓所發出的光譜，造成電阻或電壓之變化而間接計算晶圓的溫度。

　　輻射式高溫計測量原理如圖 5.27 所示，被測物體發出的輻射能量通過物鏡和補償光柵聚焦投射到熱電堆上，把溫度信號轉化為電信號，輸入到測溫儀表轉化為溫度顯示出來。熱電堆是由多支微型熱電偶串聯而成的，以得到較大的熱電勢。熱電偶的參考端補償採用雙金屬片控制的補償光柵，改變補償光柵的孔徑大小，就可以增加或減小射入的輻射能量，達到消除外部環境溫度的變化引起的測量誤差。

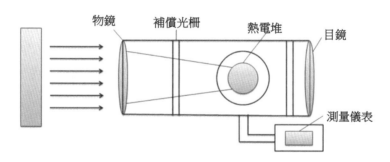

圖 5.27　輻射式高溫計示意圖

(1)　輻射式高溫計的優缺點

優點：

　　(a)是以非接觸方式測量溫度(b)與其他溫度測量裝置相比，紅外線溫度計的測量更精確，大多數紅外線計的操作精度範圍在 1.0-3.0 ％之間(c)紅外線溫度計的另一個常見特性是測溫範圍很廣。使用熱電偶溫度計時，測量範圍受到所用儀器及探頭型號的限制(J，K，T 等)。例如，標準 T 型溫度計的測量範圍可達 400 ℃，如果要測量較高的溫度範圍，用戶將不得不轉用 J 型或 K 型的溫度計或探頭。而用紅外線溫度計時，基本溫度計可測量 538 ℃的溫度，但一些專業的紅外線溫度計可測量高達 3000 ℃的溫度。

缺點：

用高溫計很難測量反射表面的溫度，除非調節紅外線溫度計來僅僅讀取輻射能量，否則它們既會接收輻射能量，也會接收反射能量。某些材料的輻射率可以在已出版的表格中查找，並在溫度計中進行調節，以保證測量的精確度。此外，通過玻璃測量物體的溫度時，測量的通常是玻璃的表面溫度，除非玻璃是用特殊的紅外傳輸材料如鍺製成。

5-2-3 熱感測元件在先進製程控制(APC)中的應用

先進製程控制 APC 全名為 Advanced Process Control，用最廣義的觀點來定義：凡是基於製程機台設備所收集的製程時序性資料，再參考其他來源資料(例如排程、量測機台量測值、Yield、WAT 等)，並以提升良率或產能為目的所設計的系統都視為 APC 系統。APC 系統的基礎在於資料的收集，大致上分為三大類：機台製程在進行製程動作期間以時間序列形式所擷取的物理量數值、Lot/Wafer 的生管資料以及製程完成之後的量測資料。

簡單來說，APC 系統流程圖如圖 5.28，用一組簡單製程來看，這道製程必定有一個機台設備執行，有一個輸入的工件(Wafer)，透過一組設定的配方(Recipe)在一個機台設備中執行，其間尚有一些不可控的因子，如溫度控制、壓力控制等，最後製程結束，Wafer 取出。

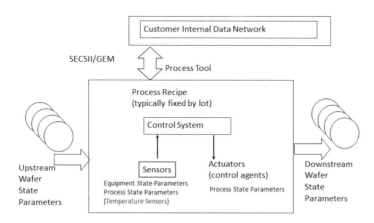

圖 5.28　APC 系統流程圖

　　由此可知，熱感測元件在先進製程控制(APC)中扮演了相當重要的角色，因為製程中的溫度是影響成膜品質非常關鍵的參數，溫度量測和控制的準確性與精準度，更會影響 APC 系統在之後數據的判讀，因此在機台合適的位置使用接觸式或非接觸式熱感測元件將是很重要的課題。

習題

1. 請舉出五種光感應元件，並分別敘述其原理。

2. 請問接觸式感測器有哪些種類？請詳細說明其原理。

3. 請問補償迴路對於熱電偶式電阻有哪些影響？

4. 紅外線熱像儀由哪些單元組成？

5. 主要接收光源的單元為何？而應用的原理是？

參考文獻

1. 丁均怡、左培倫、任貽均等編著，光學元件精密製造與檢測，國家實驗研究院儀器科技研究中心， 2007

2. 林螢光，光電子學-原理、元件與應用，全華圖書，1999

3. 盧明智，電子實習與專題製作-感測器應用篇，全華圖書，2002

4. S.O.Kasap，光電子學與光子學的原理與應用，電子工業出版社，2003

5. 方宏聲、王安邦等編著，光機電系統整合概論，國家實驗研究院儀器科技研究中心， 2005

6. 吳朗, 溫度感測器：理論與應用, 全華圖書, 1990

7. 臺灣歐姆龍股份有限公司 FA PLAZA 編著小組, OMRON 感測器技術與溫度控制器(Sensor technology & temperature controller), 五南, 2006

8. 曹永誠, 先進製程控制技術(APC)導論, 電機月刊, 2005

9. 鐘國家, 感測器原理與應用實習, 全華圖書, 2011

10. 雨宮好文, 圖解感測器入門, 建興文化, 2007

11. 谷腰欣司, 感測器, 全華圖書, 2006

12. 國岡昭夫, 感測器的善於使用法, 建宏, 1997

第六章　光學影像系統選配

中央大學機械系 **黃衍任**

　　機器視覺系統是使用攝影機擷取影像，並利用電腦軟體進行影像處理及圖形量測及判斷，以獲得有用的資訊。近年來，機器視覺已廣泛地應用在光機電設備系統中，如自動化檢測、機台精密定位、物件良劣判定、保全指紋、車牌辨識及人臉辨別等等。同時藉由邊界找尋及幾何曲線近似，便可得到所需之輪廓幾何資訊，使用者便可利用其進行精密量測及加工。

　　因此，了解機器視覺系統運作原理及其應用方法，將是一重要課題。由於目前光機電設備中的機器視覺大多以平面影像為主，因此本章將著重於二維機器視覺的介紹，概略說明其硬體架構及軟體運算等。

6-1　機器視覺系統概述

　　自動化機器視覺系統可大致分為硬體及軟體兩大部分，其硬體部分主要是為了取得清晰的物體影像，而其軟體部分則是針對各種不同的應用，處理影像並得到有用的資訊。

6-1-1　硬體架構

　　機器視覺系統的主要硬體元件如圖 6.1 所示，包括有攝影機、光源、影像擷取裝置、自動化設備及電腦。其中電腦為整個機器視覺系統之核心，整合攝影機影像擷取、自動化機構控制及影像分析與判讀。影像取得後，必須經過特殊影像處理軟體的運算，以得到所需之資訊。此外電腦也整合攝影機及自動化系統設備，當待測物到達定位後便進行影像擷取，並於影像處理完後控制篩選機構進行物品之分離等，並藉由人機介面軟體與使用者溝通，進行適當的調整，使系統得以正常運作。

　　機器視覺系統中所使用的工業攝影機，乃是利用 CCD 或 CMOS 感光晶片兩種，最小的晶片尺寸為 1/3 英吋，而最大尺寸晶片則是超過 1 英吋。從攝影機取像可分為線型與二維攝影機，其中線型攝影機之影像大小，從一行數千像素至數十萬像素，此種攝影機如能配合自動化機台，將可取得非常清晰之影像。而二維攝影機影像大小，則從三十萬像素(640X480)至數千萬像素，其中大部分為灰階單色與 RGB(紅綠藍)彩色感光晶片，其優點為可快速取得二維影像並進行處理。從影像資料傳輸而言，可分為類比(analog)訊號與數位(digital)訊號攝影機。以往類比訊號攝影機，必須搭配影像擷取卡(如 NTSC 或 RS170 Frame Grabber)，為了增加影像擷取速率，必須使用較快速或具記憶體的影像擷取卡。而利用數位訊號傳遞影像資料，其影像擷取卡必須配合特殊傳輸網路線(如 Cameralink、IEEE 1394 cable 等)。由於近年來數位訊號攝影機及乙太(Ethernet)網路傳輸硬體發展迅速，已有許多結合二者之攝影機，只須利用電腦的影像卡或 USB 網路線傳輸，便可達成即時監測的目的。

　　光源方面則可分為鹵素燈、雷射光及 LED 光源等，而打光的方式則可大略分為正面、背面及同軸打光方式，必須配合待測物及測試環境進行調整。而機器視覺系統中的自動化設備乃是配合影像檢測之所需，利用馬達控制運動裝置，將待測物品精準放置於特定位置，或移動待測物至特定位置以獲得大尺寸影像擷取，此外自動化設備也包括捨棄及篩選等動作。

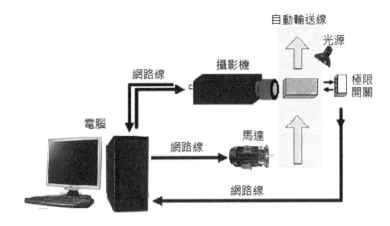

圖 6.1　自動化機器視覺系統

　　數位影像處理可分為彩色影像、灰階影像與黑白影像三種。彩色影像是以光三源色 RGB 的色調和強度資訊作解析；灰階影像以影像明暗(深淺)的不同將其量化為由黑到白深淺不同的灰階值，有 32、64 或 128、256、512、4096 階的灰階值。最常見為 8 位元 256 階灰階值，醫學上則會常用到多達 12 位元 4096 階的灰階值。灰階值越高影像便會越精細，而需要儲存的資料相對也更多。灰階值的大小決定是依據影像幾何資料的變化而決定，如 3D 物體表面的改變(圓球中心與邊緣亮度不同)、2D 物體幾何形狀的不同(如圓孔和直線)或是 2D 物體材料的不同(如銅線和電路板)。

6-1-2　軟體功能

　　影像擷取後包含許多雜訊與不必要的資訊，必須經過雜訊濾波處理後，方可得到清晰的影像。如何解釋影像並從中取得所需的資訊，也必須依應用的不同，發展出對應的應用軟體程式。

　　常見的影像雜訊濾波方法，包括有中間點濾波(median filter)、平均化濾波(mean filter)及高斯濾波(Gaussian filter)等方法。中間點濾波(median filter)以取鄰近九宮格像素之位於中間灰階值，當作該像素之新的灰階值，平均化濾波則是將一像素周遭灰階值平均值，指定為該像素新的灰階值。

而高斯濾波器則利用高斯函數賦予周遭點不同的權重,經加權平均後指定為新的灰階值。由於雜訊通常是屬於高頻的訊號,而平均化濾波及高斯濾波器,均屬於低通濾波器的類別,因此其可降低高頻雜訊的影響。

應用軟體則是因應用的領域不同個別發展出來,例如半導體或面板工廠中,常利用影像進行自動化檢測,尺寸量測便是其軟體中最主要的功能。而對保全或看護機器人而言,尺寸量測便不是至為重要的項目,而人臉或姿態的辨識便成為其重要功能。又如交通管制或警察勤務上所使用的軟體,車牌及字體辨識就成為最主要的功能。其他的應用範圍,像是醫學、地質學、機構學等等,均有其特殊的需求,因此也將發展出相對應的功能軟體。

6-2　區域(region)分群

最簡單的找尋區域方式是先經過二值化處理,即是將影像分為物體與背景兩個區域,再利用區域資料處理方法找出物體的相關資訊。其次便是針對原始影像進行尋找邊界點與線的方式,以得到較準確的幾何資訊。影像處理過程必須依照待測物及環境不同而做修正,同時也會因應用領域及精度要求而有所差異。

6-2-1　影像二值化處理

一般影像在量化成數位影像之前,是一個連續的強度值,為了解釋一張圖片,必須分析多樣的強度值。二值化影像處理為一簡單卻十分有效的影像處理方式,即是將影像灰階影像變成黑白兩色階圖像。當我們只需要確認物(`有`or`1`)與背景(`無`or`0`)的分別,而不考量物體內部幾何變化,如量測物品外觀尺寸大小、物體數量等等,這種二值化影像便是最有效率的處理方式。

影像二值化乃是由使用者或由影像處理程式設定閾值(threshold),將影像區分為黑(以 1 加以表示)與白(以 0 加以表示)兩色,其分別代表著影像中待測物體及背景影像。閾值的設定是整個二值化處理的關鍵,使用者必須慎選閾值,將影像中的物體自背景中區分出來。如果一張圖中其各點之灰階值以 F[i,j]加以表示之,當影像位置 (i,j)點的亮度較高時,其灰階值較大,即F[i,j]值會比較大。相反地,當該點影像較為黑暗時,F[i,j]值就會比較小。整個二值化運作便是如下式(6.1)表示,其中 T 即是所設定的閾值。

$$F_T[i.j] = \begin{cases} 1, F_T[i.j] \le T \\ 0.otherwise \end{cases} \tag{6.1}$$

圖 6.2 顯示出在選用不同閾值後經二值化處理後的影像,由此可知不同的閾值選擇會影響二值化影像的結果。閾值選用有時也必須依情況而略做調整,例如在一張影像圖片中,物體的灰階強度是介於兩個值閾值([T_1, T_2])之間,則可以使用下列式(6.2)來做為二值化運算之依據。

$$F_T[i.j] = \begin{cases} 1, T_1 \le F_T[i,j] \le T_2 \\ 0, otherwise \end{cases} \tag{6.2}$$

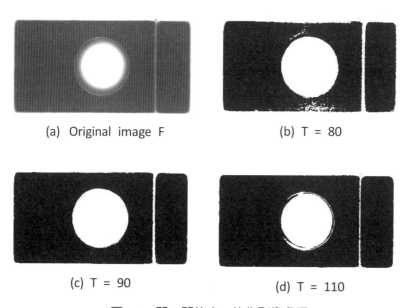

(a) Original image F

(b) T = 80

(c) T = 90

(d) T = 110

圖 6.2 單一閾值之二值化影像處理

由於在檢測的過程中，影像可能會因為光源的改變(燈泡老化、日照影響)而造成整張影像的灰階產生變化。因此如一直選用固定的閥值，即使影像中物體大小及擺設位置固定，經過二值化處理後，其影像往往仍有些差異。且由於人員的感官不同，往往選用的閥值也會有所差異。為了要讓二值化區分更穩定，一些自動調整閥值的方法，依照物體亮度灰階分佈及尺寸等特徵進行分析，發展出如 p-Tile、Mode 及疊代法(Iterative Threshold Selection)等選用方法，以達到最佳閥值選用的法則。其中，p-Tile 方法是利用目標物件的大小去設定影像閥值，假設待測目標物件占整個影像 p%，則利用灰階值長條圖找尋 p%所對應的灰階值，取之為閥值。Mode 方法是在灰階值長條圖，找出物體及背景的兩大群像素區域間之最低點，定之為閥值。而疊代法乃是先由一個近似的初始閥值，將影像分為亮與暗兩區，然後求出兩區各自的平均值，由此二個平均值再計算處下一個閥值，如此反覆進行分割、平均、計算閥值等步驟，直到閥值與平均值收斂為止，以最後閥值為影像之閥值。

6-2-2 區域搜尋法

一張影像依性質不同可以分為許多區域(Region)，例如影像中僅有一個單一物體，便可將此影像分為物體及背景兩個區域。若影像中有許多物體或單一物體可分為許多區塊，便會在影像中形成許多區域。區域的分割條件，除了灰階深度外，其顏色、色調、紋路、灰階變化等的差異，也可作為分割區域的依據。而一區域內每個像素的性質皆相同，而相鄰不同區域內的像素，其性質便不一樣。當所有的區域的集合起來，便是一張完整的影像。如果以P_i代表一個區域，則區域分割可由式(6.3)、(6.4)加以表示之。

$$U_{i=1}^{k}P_i = the\ whole\ image \qquad (6.3)$$

$$P_i \cap P_j = \phi \qquad (6.4)$$

影像經過二值化處理後，便可進行區域的找尋，一般所使用的方法包括有遞迴搜尋(recursive searching)及數列演算法(array searching)兩種。圖6.3 顯示遞迴搜尋法的步驟，首先搜尋整張影像，先找到一個未被標為新的區域像素點，並指定其為一個新區域編號 L，然後四近鄰像素進行檢查，如果該像素代表物體的點，則加入 L 區域群組，然後再以該點為中心，探詢其周遭的像素。而數列演算法，則是有系統地自上而下，自左而右，將代表物體的像素加以編號，並檢查其是否與前一區域族群相連接，如連接至已編號之區域，則更改其區域號碼為之前區域號碼。如未有任何連接，則新訂此點為另一個區域號碼，然後繼續處理下一個物體的像素。遞迴搜尋法的優點為簡單，然而其需要較大的儲存記憶容量，並且此容量隨著影像尺寸變大而大幅增加。

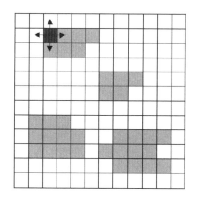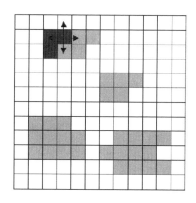

圖 6.3　區域遞迴搜尋法

6-2-3　尺寸濾波器(size filter) 、擴張(expand)、緊縮(shrink)

二值化利用閥值作出黑白影像時，通常其中會有些小區域物，其實只是由雜訊所造成的誤判。一般而言此種小區域所佔的面積與物體影像的面積相較都很小，因此可以設定一個區域最小面積，要求將那些由雜訊所造成的誤判區域濾除掉。此種濾除雜訊的方法，稱為尺寸濾波器(size filter)。在圖 5.2(c)中閥值 T=90 時，小圓內部將會產生一些小黑點，如圖 5.4(a)黃圈內所示，若設定尺寸濾波器之最小面積為 5 點時，此些雜訊將會被尺寸濾波器濾除，如圖 6.4(b)所示。

(a)　T = 90 (未經過處　　　　　　(b)　經過尺寸濾波器處理後

圖 6.4　影像經過尺寸濾波器濾除雜點

　　在區域處理與影像雜訊濾除上，擴張、緊縮處理方式是非常有用且快速的方法，隨著處理方法與順序的不同，將會影響處理的效果。影像中的背景像素，被轉換為物件像素，就稱作擴張；反之，若代表物件像素被刪除或轉變成背景像素，則稱作緊縮。一般以$S^{(k)}$代表擴張 k 次，而以$S^{(-k)}$代表緊縮 k 次，而$S^{(-m)}S^{(k)}$則代表先擴張 k 次後再緊縮 m 次，$S^{(k)}S^{(-m)}$則代表先緊縮 m 次後再擴張 k 次。物件影像在經擴張後，可將內部部份白色空洞雜點去除。而背景影像則是在經緊縮後，將不屬於物件的黑色雜點去除。在圖 6.5 中，圖 6.5(a)顯示一張原始的紅心影像。　圖 6.5(b)為當 T=60 時對應之黑白影像，很明顯地紅心中有一些空隙，且在背景中產生一些黑色雜點。圖 6.5(c)為經過一次擴張後之影像，紅心中空隙便已消失，然而黑色雜點卻有變大些。圖 6.5(d)則為圖 6.5(c)緊縮後的影像，圖 6.5(e)則為再一次緊縮後的影像，則黑色雜點便已消失。圖 6.5(f)為圖 6.5(e)經過一次擴張後之影像，紅心外框回到圖 6.5(a)原始圖像時之大小。

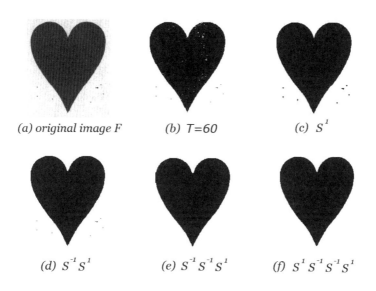

(a) original image F　　　(b) T=60　　　(c) S^1

(d) $S^{-1}S^1$　　　(e) $S^{-1}S^{-1}S^1$　　　(f) $S^1S^{-1}S^{-1}S^1$

圖 6.5　經過擴張及緊縮後之影像

6-3　邊界找尋

彩色影像至少包含紅色(R)、綠色(G)及藍色(B)三個灰階，而每個影像的灰階值為 0 至 255，共有 16777216 個顏色。由於成本的考量，一般工業界多採用 256 個色階的灰階影像，也就是只是利用影像的亮度資訊，來進行自動化的檢測。

6-3-1　灰階影像調整

當影像的灰階值分布不均勻只存在於一個狹小的區間範圍內，使得整張影像過暗或過亮，造成視覺檢測上的困難。對於此種影像，為了增加亮度並有利於邊界的找尋，可以對影像進行亮度上調整，一般的調整方式是以線性的公式(6.5)重新計算灰階。

$$Z' = \frac{D-C}{B-A}(Z-A)+C = \frac{D-C}{B-A}Z + \frac{CB-DA}{B-A} \tag{6.5}$$

其中 A 與 B 分別代表著原灰階分布的下限與上限，而 C 及 D 分別代表著調整後之灰階分布的下限與上限。如此便將原影像的灰階值Z，更改為新影像的灰階值Z′。例如圖 6.6(a)所示之範例，原始影像分布於 10 至 50 之間，其 A 與 B 值分別為 10 及 50。若想使其分布範圍放大，可令 C 等於 0 而 D 等於 255，則整張影像變得較為清晰如圖 6.6(b)所示。事實上，式(6.5)為線性調整方式，使用者可依其需求，自訂不同的調整方式。例如若要增加黑暗部分的影像變化，則可以利用下列非線性的調整公式(6.6)即可達成。

$$Z' = \sqrt{255Z} \tag{6.6}$$

若要加大明亮部分的影像變化，則可使用(6.7)實現。

$$Z' = \frac{Z^2}{255} \tag{6.7}$$

(a) 未調整前之影像　　　(b) 調整後之影像

圖 6.6　線性調整之影像

6-3-2　邊界找尋

邊界找尋為機器視覺的一項重要工作，其主要目的是自影像中擷取邊界資料，以進行幾何上的近似，並得到更多量測上的資料，如圓心、直徑、角度、線段及距離等。常用的邊界搜尋方式，可由二值化後之區域影像進行找尋，也可由灰階影像直接找出。

　　當區域影像中各區域群組與編號確定後，可利用邊界追蹤法
（ boundary following algorithm ） 的方法進行邊界搜尋。其步驟如圖 5.7 所
示，首先從左至右，由上到下，找出起始點 s。然後以 s 中心，順時針旋
轉檢查八近鄰點，尋求下一個屬於同一群組的像素點，訂之為下一個邊界
點。然後，再以新的邊界點為中心，依序搜查直到回到起始點 s 為止。值
得注意的是，此方法必須是適用於無毛邊之影像，當有單像素寬的毛邊
時，此方法將造成誤判而失效。

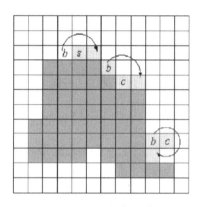

圖 6.7 區域邊界搜尋法

　　此外物體的邊界也可以由灰階影像，利用不同的處理來進行搜尋，例
如 Sobel、Prewitt、Laplacian、Robert、Canny 等方法。本文僅就常用的遮
罩進行介紹，包括一階導數的 Sobel 及 Prewitt 遮罩，以及二階導數的
Laplacian 遮罩。由於影像邊界應該是發生在其影像變化最為劇烈之處，也
就是其一階導數最大之處。若以f(x, y)代表(x, y)點的灰階值，則其一階導
數為式(6.8)所示。

$$\nabla f = G[f(x,y)] = \begin{bmatrix} G_x \\ G_y \end{bmatrix} = \begin{bmatrix} \dfrac{\partial f}{\partial x} \\ \dfrac{\partial f}{\partial y} \end{bmatrix} \qquad (6.8)$$

因此一階導數絕對值為 $G[f(x,y)] = \sqrt{G_x^2 + G_y^2}$ ，此值相當於 $f(x,y)$ 變化最大速率之值。此一階導數在影像處理上常用一階近似法來獲得，如 (6.9)式所示。

$$\big|G[f(x,y)]\big| \approx \big|G_x\big| + \big|G_y\big| \tag{6.9}$$

其中，$\big|G_x\big|$ 及 $\big|G_y\big|$ 可由(6.10)式近似。

$$
\begin{aligned}
G_x &= \big|f(i+1,j) - f(i-1,j)\big|/2 \\
G_y &= \big|f(i,j+1) - f(i,j-1)\big|/2
\end{aligned}
\tag{6.10}
$$

由於考慮微分運算將會放大雜訊，因此 Prewit 遮罩運算方式，便取其相鄰導數進行平均而得到一階導數。Sobel 遮罩與 Prewitt 遮罩類似，惟其更強調中間一列的導數，因此加重其中間列的權重。圖 6.8 顯示 Prewitt 遮罩，而 Sobel 遮罩則如圖 6.9 所示。影像在經過 Sobel 遮罩處理後，其邊線將變得明顯許多，如圖 6.10(b)所示。

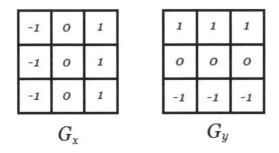

圖 6.8　Prewitt 遮罩

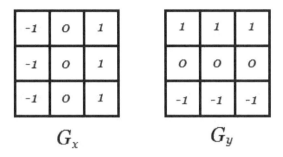

圖 6.9　Sobel 遮罩

 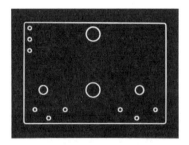

(a) 原始影像　　　　(b) 經 Sobel 遮罩處理後影像

圖 6.10　Sobel 遮罩尋邊處理

　　尋邊的方法除了利用一階導數的方式外，利用二階導數也是另一種選擇。由於當一階導數為最大時，其二階導數將會通過 0 值，因此可利用二階導數為 0 時，找尋邊界點。影像處理上常用的二階導數等於 $\nabla^2 f \approx G_{xx} + G_{yy}$，而 G_{xx} 及 G_{yy} 如(6.11)式所示。

$$G_{xx} = \left| f(i+1, j) - 2f(i, j) + f(i-1, j) \right|$$
$$G_{yy} = \left| f(i, j+1) - 2f(i, j) + f(i, j-1) \right|$$

(6.11)

因此二階導數近似方法可由 Laplacian 遮罩表示之，圖 5.11 顯示出兩

143

種最常用的 Laplacian 遮罩，圖 5.11(a)並未考慮四個角的影響，圖 5.11(b)則需要較多的計算量。圖 5.12 則為經 Laplacian 後之影像。此外，為了抑制雜訊，Laplacian 遮罩常會配合著高斯濾波處理，以達到較好的效果。

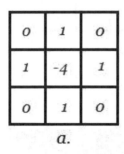
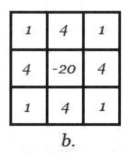

圖 6.11　Laplacian 遮罩

(a)　原始影像　　　　(b)　經 Laplacian 遮罩處理後影

圖 6.12　Laplacian 遮罩尋邊處理

6-3-3　幾何近似

　　將影像中的邊緣點連接起來，即為輪廓(contour)。為了得到較平滑的輪廓外觀，可將邊緣點以幾何元素如直線、圓弧或高次方曲線加以表示。一般近似方式均是利用最小平方法，將所有的邊緣點與幾何曲線之間的誤差值達到最小。然而最小平方法乃是針對單一曲線進行近似，並且必需先找出合適的邊緣點，以免獲得無意義的錯誤近似曲線。另一種獲得外觀尺寸的方法是使用霍甫轉換(Hough Transform)，將所有的曲線同時找尋出來。

1.　最小平方誤差法

以幾何曲線加以近似從影像中所求得邊界點，必定含有些微誤差，因此如何獲得最佳的近似曲線，乃是存在許久的問題，過去已有許多學者提出解決方法，其中以最小平方法使用最為頻繁。

圖 6.13 中顯示出 n 邊界點為

$$\{p_1 = (x_1, y_1), p_2 = (x_2, y_2),..., p_n = (x_n, y_n)\}$$

如果以一條直線加以近似，則該直線方程式為

$$x\cos\theta + y\sin\theta = \rho \tag{6.12}$$

其中 θ 為該直線法向量之與 x 軸之角度，而 ρ 則為直線與原點之間的距離。

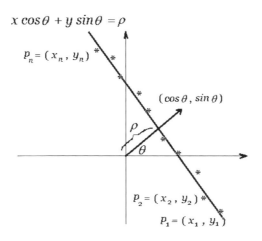

圖 6.13　最小平方直線近似

所有邊界點至此近似直線之誤差平方總和為

$$E = \sum_{i=1}^{n} (x_i \cos\theta + y_i \sin\theta - \rho)^2 \qquad (6.13)$$

當最小誤差發生時，$\partial E / \partial \rho = 0$，因此可以得到 ρ 值為

$$\rho = \bar{x} \cos\theta + \bar{y} \sin\theta \qquad (6.14)$$

其中$\bar{x} = \frac{1}{n}(\sum_{i=1}^{n} x_i)$及$\bar{y} = \frac{1}{n}(\sum_{i=1}^{n} y_i)$。令 $x_i' = x_i - \bar{x}$ 與 $y_i' = y_i - \bar{y}$，則可以得到

$$\begin{aligned} E &= \sum_{i=1}^{n} (x_i \cos\theta + y_i \sin\theta - \bar{x}\cos\theta - \bar{y}\sin\theta)^2 \\ &= \sum_{i=1}^{n} (x_i' \cos\theta + y_i' \sin\theta)^2 \end{aligned} \qquad (6.15)$$

定義 $A = \sum_{i=1}^{n} x_i'^2$、$B = 2\sum_{i=1}^{n} x_i y_i$ 及 $C = \sum_{i=1}^{n} y_i'^2$，則 E 可表示為

$$E = A\cos^2\theta + B\sin\theta\cos\theta + C\sin^2\theta \qquad (6.16)$$

或

$$E = \frac{1}{2}(A+C) + \frac{1}{2}(A-C)\cos 2\theta + \frac{1}{2}B\sin 2\theta \qquad (6.17)$$

當 $\partial E / \partial \theta = 0$，即可得到

$$B\cos 2\theta - (A-C)\sin 2\theta = 0 \qquad (6.18)$$

因此可得近似直線的角度 θ 必須滿足下式

$$\tan 2\theta = \frac{B}{A-C} \qquad (6.19)$$

由式(6.14)與(6.19)得到的 ρ 及 θ 值，即可求得近似直線式(6.12)。

類似的方法利用尋求誤差的最小平方總合，也可應用於尋找近似圓。

假設一群點 $P_i = (x_i, y_i)$ 的圓心為 (x_0, y_0)，其半徑為 r_0。考量圓面積的誤差總和為

$$J(x_0, y_0, r_0) = \sum_{i=1}^{n} (\pi r_0^2 - \pi r_i^2)^2$$

$$= \sum_{i=1}^{n} \pi^2 \left[r_0^2 - (x_i - x_0)^2 - (y_i - y_0)^2 \right]^2$$

$$(6.20)$$

當達到最小誤差近似時，

$$\frac{\partial J}{\partial r_0} = 2\pi^2 \left(\sum_{i=1}^{n} \left[r_0^2 - (x_i - x_0)^2 - (y_i - y_0)^2 \right] \right) r_0 = 0 \qquad (6.21)$$

$$\frac{\partial J}{\partial x_0} = 2\pi^2 \left(\sum_{i=1}^{n} \left[r_0^2 - (x_i - x_0)^2 - (y_i - y_0)^2 \right] \cdot (x_i - x_0) \right) = 0 \qquad (6.22)$$

$$\frac{\partial J}{\partial y_0} = 2\pi^2 \left(\sum_{i=1}^{n} \left[r_0^2 - (x_i - x_0)^2 - (y_i - y_0)^2 \right] \cdot (y_i - y_0) \right) = 0 \qquad (6.23)$$

由(6.20)至(6.23)三條方程式即可求出圓心為 (x_0, y_0) 及半徑為 r_0。

2. Hough Transform 法

另一種找尋輪廓直線及圓的方法，是採用 Hough Transform。該方法早在 1962 即被提出來。利用(6.12)式中當 x 與 y 固定時，ρ 將是 θ 函數的概念推導出，在 ρ，θ 平面上將會是一條類似正弦波的曲線，因此當某些點 $P_i = (x_i, y_i)$ 坐落在一線上時，對應的正弦波曲線，在 ρ，θ 平面上將交

會在同一點上。如此，只需找尋在 ρ , θ 平面上有許多曲線交會的點，便

可以找出 x y 平面上對應的直線。在圖 6.14 中顯示出三個點 $P_1 = (1,3)$ 、

$P_2 = (2,2)$ 與 $P_3 = (3,1)$ ，很明顯地 P_1 、P_2 及 P_3 同在 $x + y = 4$ 直線上。此

三點在 ρ , θ 平面上對應的 Hough Transform 曲線，顯示在圖 6.14 中。由

於 P_1 、P_2 及 P_3 同在一條直線上，因此在 ρ , θ 平面上所對應之三條曲線，

也將交會在同一點上($\theta = 45^0$, $\rho = \sqrt{2}$)。注意此點正對應著(6.12)式子

中，直線 $x + y = 4$ 之法向量角度及原點至該線之距離。Hough Transform

的優點為可同時找出所有的直線，而其缺點則是運算量大，因此非常耗

時。但由於近年來學者提出許多 Hough Transform 改良方法，大大提升其

運算速率，因此目前 Hough Transform 具有廣泛的應用。此外學者也提出

尋圓的 Hough Transform，其所需的運算時間更長應用較不普遍，因此其

本章並不加以特別介紹。

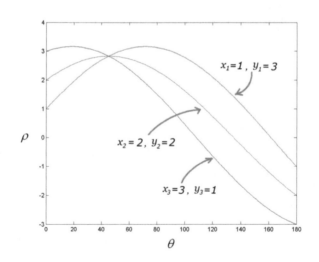

圖 6.14 同直線三點(1,3)、(2,2)與(3,1)之 Hough Transform

6-4 結論

　　機器視覺系統已成為光機電設備中，不可缺乏的元件。一個機器視覺系統之硬體架構，包括攝影機、光源、影像擷取裝置、自動化設備及電腦等。其所擷取之影像，可經過二值化處理得到物件之區域資料，並針對不同物件進行影像處理。藉由邊界找尋及幾何曲線近似，便可得到所需之輪廓資訊，使用者可利用此進行精密的量測及加工。

習題

1. 請舉例說明機器視覺檢測系統地應用範例，並請說明其所需要之硬體架構及軟體檢測所需之影像處理功能。

2. 請說明正面打光及背面打光架設方式，並分別說明其優缺點。

3. 請說明將灰階影像變成黑白影像過程中，有哪些自動選取閾值的方法。

4. 請針對二值化後之黑白影像，請舉例說明擴張、緊縮處理方式的運作方式。

5. 請分別說明 Prewit 遮罩與 Sobel 遮罩的差別。

6. 請說明自影像中找尋直線之最小平方誤差法及 Hough Transform 方法的運作方式，請舉例說明。

參考文獻

1. Rafael C. Gonzalez, Richard E. "Woods, Digital Image Processing 3rd edition", Pearson International Edition, 2007

2. Carsten Steger, Markus Ulrich, Christian Wiedemann, "Machine vision algorithms and applications", WILEY, 2007

3. FRAUNHOFER ALLIANZ VISION. "Guideline for Industrial Image Processing". Fraunhofer–Gesellschaft zur Förderung der angewandten forschung, Erlangen, 2003

4. G.C.HOLST, "CCD Arrays, Cameras, and Displays". SPIE Press Bellingham,WA,2nd edition, 1998

5. R.M.HARALICK, L.G. Shapiro. "Computer and robot vision", Vol. I. Addition-Wesley, Reading,MA, 1992

6. R. JAIN, R. Kasturi, B.G. Schunck. "Machine Vision". McGraw-Hill, new York,NY, 1995

7. R.DERICHE. "Using Canny's criteria to derive a recursively implemented optimal edge detector". International journal of Computer vision, 1:167-187, 1987

8. S.J.AHN,W.RAUN, H.J. WARNECKE. "Least-squares orthogonal distances fitting of circle, sphere, ellipse, hyperbola, and parabola". Pattern Recognition, 34(12):2283-2303, 2001.

9. P.L.Rosin. "Assessing the behavior of polygonal approximation algorithms". Pattern Recognition, 36(2):508-518, 2003

10. O.FAUGERAS, Q.-T.LUONG. "The Geometry of Multiple Image: The Laws That Govern the Formation of Multiple Images of a scene and Some of Their Application". MIT Press, Cambridge, MA, 2001.

第七章　雷射自動聚焦應用設備

工業技術研究院　南分院　**王雍行　胡平浩　林央正**

7-1　自動聚焦應用背景

　　隨著電子科技業逐年邁向精緻微型化、元件高密度承載之局面，許多相對應之製程技術與檢測技術也因應而生。為於更小的尺寸面積內填充更多的電子元件，也為了較其他競爭者早一步將產品推出市面，許多製程技術在未能有效控制理想良率前，即搶先使用於生產線上，致使許多電子產品因製程良率不佳而具有缺陷。為改善製程中之不良參數與評定產品之品質效能，精密之檢測技術即顯其重要性，而精密檢測技術中又以自動聚焦技術為其重要核心。以 TFT-LCD 面板光電產業而言，不論是彩色濾光片部分或是下模組端之電極陣列部分，皆容易產生製程上之缺陷，而為使面板產品之售價得以維持高毛利，則必須透過具有自動聚焦功能之檢測技術，將缺陷檢部分檢測出來並加以定位，再透過適當修補技術將缺陷消除之，如此不良品即得以經修補後轉換為良品販售。再以太陽能光電產業而言，太陽能電池模組售價隨光電轉換效率越高而提升，平均光電轉換效能每提升 1%，可使太陽能模組廠商獲利提升 6.7%，故供貨商於出貨時與購買商於收貨時之精密量測即是保障貨源品質與價格之依據，而此類精密量測技術亦需仰賴自動聚焦技術以完成。

　　再就加工方面而言，為因應近年微電子產業的微尺寸需求，關鍵零組件之微加工成型方式已日趨重要，舊有之機械加工方式已逐漸不敷所需，取而代之的是精度高、速度快的雷射加工方式，如雷射鑽孔、雷射切割、雷射微雕等。而為使雷射加工之精度不因加工件表面的高低起伏影響，使得雷射在加工時聚焦點脫離加工表面，導致加工能量不足而失效或光點尺寸過大產生加工尺寸誤差，此時即需搭配自動聚焦模組來達成精密加工之目的。一般而言雷射光源到加工件表面之距離即為該雷射之焦距，而此時之雷射光點即為聚焦點，使用該聚焦光點加工可得到最佳的加工品質。而當雷射加工三維結構或不規則表面時，雷射光源到加工件表面之距離即會產生變化，此時若搭配設置於雷射光源後端之自動聚焦模組，即可將雷射光點修正回焦距處，達到即時對焦之目的。

以雷射鑽孔機為例，雷射鑽孔系統中若不具備自動聚焦模組，而欲加工三維結構或不規則表面時，則會因加工件表面脫離焦距使加工件表面之雷射光點直徑及雷射光能量密度不符原設計需求，造成加工後之孔洞外形尺寸不佳的誤差，如圖 7.1 所示，如此即不符加工製造上之需求。反之，若雷射鑽孔系統中具備自動聚焦模組，則加工後之結果則可符合原設計需求，圖 7.2 為使用自動聚焦模組之雷射加工機加工之結果。再以太陽能電池之製程加工為例，太陽能電池中之 pn 介面的隔離(isolation)及電極的切割皆要透過雷射加工方式來達成，但由於太陽能電池的厚度相當薄，因此晶圓表面有微幅彎曲現象，若使用定焦型之雷射加工系統，會造成加工不良之現象，因此需仰賴自動聚焦系統方能加工出符合業界需求之太陽能電池。

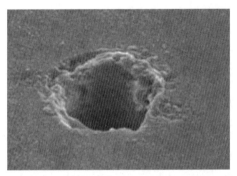

圖 7.1 不具自動聚焦模組之雷射鑽孔缺陷

資料來源：工研院積層製造與雷射應用中心

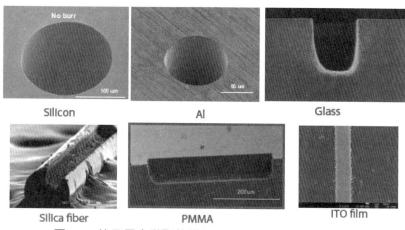

圖 7.2　使用具自動聚焦模組之雷射加工機加工之結果

資料來源：工研院積層製造與雷射應用中心

7-2　自動聚焦系統架構

　　就自動聚焦系統之功能性而言，需同時具備「可聚焦」及「能自動聚焦」之功能方符合其技術特性。為達成此目的，系統中必須具備離焦感測模組負責偵測目標工件之位置，並將位置訊號回傳至聚焦模組系統中，用以判定目標工件是否脫離雷射加工或檢測系統之焦點，若已離焦，則啟動自動聚焦系統將目標工件重新修正回焦點處，以確保加工或檢測之品質。

　　概觀之自動聚焦系統架構示意圖如圖 7.3 所示，系統中之雷射光源經過光學聚焦透鏡模組，可使光源聚焦成理想尺寸，用以加工或檢測目標工件。然而，目標工件是否位於焦距處，則需仰賴離焦感測模組偵測，離焦感測模組可偵測得目標工件之位置訊號，並將位置訊號傳送至控制器模組中進行判別及運算，分析出目標工件是否離焦及其離焦程度，並將如何回復聚焦狀態之控制訊號傳送至聚焦馬達驅動模組。一般而言，聚焦馬達可與聚焦透鏡模組相連而同動，或是與承載目標工件之平台相連而同動，於工業應用上，一般承載平台之尺寸較大、重量較重，因此於方便性考量上，多使用聚焦馬達帶動聚焦透鏡模組進行連動，而此處亦以聚焦馬達連接光學聚焦透鏡模組同動作為例子說明。

承上，聚焦透鏡模組設置於機構承載平台上，且機構承載平台與聚焦馬達連結並藉其帶動而於 Z 軸方向位移，如此可使聚焦透鏡模組沿其光軸方向移動調整焦點於 Z 軸方向之位置，達到自動聚焦之目的。故此，來自控制模組之位置控制訊號可驅動聚焦馬達位移，並帶動光學聚焦透鏡模組移動至適當位置，使加工或檢測系統中之聚焦光點落於目標工件上。

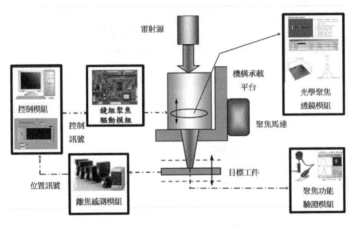

圖 7.3　自動聚焦系統架構示意圖

資料來源：工研院積層製造與雷射應用中心

此外，在自動聚焦系統開發驗證階段，為確保系統之自動聚焦功能無誤，可設置一聚焦功能驗證模組，該模組可偵測目標工件處之光點尺寸及其能量，用以判定聚焦狀況，如此可輔助自動聚焦系統之功能性驗證。一般常使用雷射光點分析儀(Beam profiler)作為對焦功能驗證模組，該儀器可精確偵測雷射光點尺寸輪廓及其能量密度分布等功能，如圖 7.4 所示，雷射光束之焦點位置，其光點尺寸為最小，故可於自動聚焦系統啟動之前後，分別偵測光點大小及其能量密度，作為判定系統是否有達到自動對焦功能之依據。

雷射光點分析儀之選用，需考量待測雷射光源之波長、能量、是否適用其脈衝類型及脈衝頻率等因素，不同類型之雷射光源有其對應適用之光點分析儀，且其精度方面也是必須特別注意的規格要項。一般而言，於使用雷射光點分析儀時需特別注意其抗損壞極限(Damage threshold)，過高之雷射能量將會破壞其元件，故於量測高能雷射時，需先預作保護措施，如適度調降光能量或是增設光衰減片等。

圖 7.4　雷射光點分析儀

資料來源：Newport

7-3　自動聚焦感測模式及控制模式

自動聚焦系統之離焦感測模式大致可區分為光感測式與影像感測式兩大類，光感測式主要以光偵測器感測目標工件之位置訊號，並透過光電訊號之強弱變化來判別目標工件之離焦狀態，一般常見者有光電位置感測器(PSD)以及光電二極體(Photon Diode)等；而影像感測式則使用影像感測元件感測目標工件之位置訊號，藉由影像訊號之外形及尺寸變化來判別目標工件之離焦狀態，一般常使用電荷耦合元件(CCD)或互補金屬氧化物半導體元件(CMOS)等。其他尚有磁感測式及探針式等離焦感測方式，但因磁感測式之雜訊干擾較多及探針式易破壞目標工件等因素，較少使用於電子光電產業中。

　　除上述之離焦感測模式外，自動聚焦系統之控制模式亦可區分為訊號即時迴授式及查表式兩大類，此二模式決定了自動聚焦系統中反應速度之快慢，而反應速度即代表產業界於生產線上之製程速度，因此為相當重要之規格指標。

　　圖 7.5 為自動聚焦控制系統簡圖及其控制模式，控制系統簡圖中之偵測器即代表離焦感測模組；就訊號迴授式之控制系統而言，欲完成自動聚焦功能需先經過許多自動聚焦循環，每一次的自動聚焦循環中偵測器將先進行位置訊號偵測，並將位置訊號傳送至控制器中進行暫時儲存，又馬達之移動方式被切割成許多微小位移量，在每一次的自動聚焦循環中控制器皆會驅使馬達移動一微小位移量，之後再由偵測器進行位置訊號偵測，如此經過多個循環後，控制器將可得到馬達於不同位置時之所有位置訊號，並藉由比較分析判定焦點之所在，最後再藉由控制命令驅動馬達位移至焦點位置而完成自動聚焦目的；此訊號即時迴授模式因需進行多個自動聚焦循環，故反應時間過長為其最大缺點，通常每完成一次自動聚焦需花費 3~5 秒鐘，一般常見之影像離焦感測方式多屬此種聚焦模式。

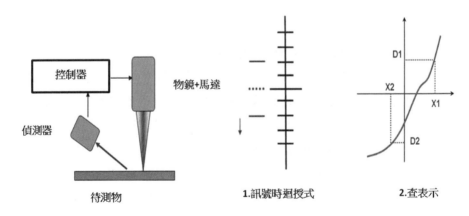

圖 7.5　自動聚焦系統之控制模式

資料來源：工研院積層製造與雷射應用中心

　　相對來說，查表式之控制模式則無反應時間過長之缺點，然而欲使用查表式之控制模式前，需先針對待測物於欲量測之離焦範圍內建立聚焦精度比較曲線，此比較曲線之縱軸(或橫軸)可為偵測器之訊號值，而橫軸(或縱軸)則可為待測物之離焦程度，之後尚需以一適當方程式對該比較曲線進行擬合(curve fitting)，再將擬合後之方程式輸入控制器中作為比較基準，如此當自動聚焦系統啟動時，偵測器所測得之位置訊號即可代入該比較曲線之方程式中而得到相對應之離焦狀態，而控制器也將藉此驅動馬達達成聚焦目的；由上述可知，此模式之聚焦精度與比較曲線之擬合方程式誤差程度成正相關，因此若欲擁有越高之聚焦精度，則需尋求越精準之曲線擬合方程式；又使用此控制模式之自動聚焦系統，其偵測器與馬達皆只作動一次即可完成自動聚焦目的，因此反應速度快為其特色，通常每完成一次自動聚焦僅需花費小於 1 秒鐘之時間，一般常見之雷射光感測方式多屬此種聚焦模式。然而，查表式之比較曲線對待測物之平整度及反射率有高依賴性，因此不同材料特性之待測物需有不同之比較曲線對應，方能得到較高之聚焦精度，相對來說，訊號即時迴授模式則無此問題。

7-4　雷射自動聚焦應用設備實體

　　自動聚焦技術之應用領域相當廣泛，圖 7.6 為工研院積層製造與雷射應用中心於雷射切割應用系統中所發展之雷射自動聚焦設備實體圖，該雷射自動聚焦設備可使用於雷射切割系統加工前，作為雷射切割光束焦點之精密定位，也可以使用於切割後進行影像檢測時之對焦定位，使待檢測之影像特徵得以清晰成像。圖 7.7(a)為使用超快雷射切割矽晶圓表面後，使用自動聚焦系統進行自動聚焦後，所拍攝之影像圖，而圖 7.7(b)則為該矽晶圓切割表面離焦 200μm 之影像圖。該雷射自動聚焦設備亦可使用於半透明或透明材質之對焦使用，圖 7.8(a)為使用於半透明 LED 基板上，經自動聚焦後之清晰影像擷取圖，圖 7.8(b)則為未經自動聚焦前之離焦 200μm 模糊影像圖。

　　一般而言，雷射自動聚焦設備欲與雷射加工系統整合時，需同時考量雷射自動聚焦光路系統與雷射加工光路系統，兩光路系統間之相互干擾問題，為確保雷射自動聚焦系統之精度，需阻擋加工雷射光源進入自動聚焦系統之光訊號感測元件內，同理，自動聚焦系統之雷射光束也必須避免因反射而進入加工用之雷射光源中，如此兩系統方能不互相干擾而影響其效能。同理，雷射自動聚焦設備與影像檢測系統整合時，則自動聚焦系統之雷射光束與影像檢測系統之光源亦需進行干擾排除。

圖 7.6　應用於雷射切割系統之雷射自動聚焦設備實體圖

資料來源：工研院積層製造與雷射應用中心

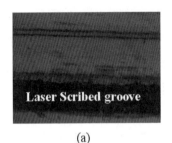 

(a)　　　　　　　　　　　　　(b)

圖 7.7　矽晶圓於雷射切割後之聚焦與否影像圖

資料來源：工研院積層製造與雷射應用中心

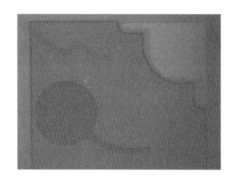

(a)　(b)

圖 7.8　LED 基板於雷射切割後之聚焦與否影像圖

資料來源：工研院積層製造與雷射應用中心

7-5　自動聚焦系統之應用領域

自動聚焦系統之應用領域十分廣泛，以下即分別針對產業界中熱門之 TFT-LCD 修補、薄膜太陽能電池以及自動光學檢測等領域進行應用概述。

7-5-1　於 TFT-LCD 修補上之應用

TFT-LCD 的製程可分為 Array、Cell 與 Module 三段，而雷射修補應用於 TFT-LCD 產業上已有多年歷史，主要可應用於彩色濾光片及亮暗點缺陷之修補等。在各階段製程中之雷射修補係指以雷射光束切斷短路、焊接線等，來修補具缺陷之畫素。以一般常黑模式之面板亮點修補為例，通常是以 1064nm 或 532nm 波長的雷射切斷薄膜電晶體之汲極端，再透過畫素電位與儲存電容共通電極之熔接短路方法，即可將亮點畫素修復為正常畫素。表 7.1 所列即為面板製程中常見之點、線缺陷及其修補方式。

表 7.1 點線缺陷修補的面板設計

缺陷種類		技術分類	修補方式
點缺陷	TN 系列	常白模式	1. 將畫素電晶體之汲極以雷射切斷 2. 以雷射熔融方式將儲存電容短路 3. 陣列側的共通電位與彩色濾光片側的共通電位分別驅動不同訊號(有電位差)
	MVA 系列 ASV 系列 IPS 系列	常黑模式	1. 將畫素電晶體之汲極以雷射切斷 2. 以雷射熔融方式將儲存電容短路 3. 陣列側的共通電位與彩色濾光片側的共通電位驅動相同訊號(無電位差)
	全系列	單一畫素 雙薄膜電晶體	1. 將畫素內受損之薄膜電晶體切割(避免影響畫素正常運作) 2. 留下第二畫素薄膜電晶體正常驅動
		單一畫素雙區域	1. 將畫素內受損之區域切割 2. 留下正常區域顯示(受損之區域類似暗點化處理)
線缺陷	外部連線	垂直線(源極)	1. 將開路之線路與外部預備線路以雷射熔融方式連接 2. 藉由源極驅動 IC 的緩衝放大器將驅動訊號放大
	內部連線	垂直線(源極端) 水平線(閘極端)	1. 以雷射於開路處之絕緣層/保護層上開孔 2. 以雷射化學氣象沈積方式形成金屬導線連接

資料來源：新通訊第 79 期, 陳志強

　　雷射受到光學繞射特性之影響，當聚焦處之光束腰寬越小，其景深 (Rayleigh range)長度與雷射光束腰寬平方將成正比，此意味當用於修補之雷射光點尺寸越小時，越容易產生離焦之情形，也更易於離焦狀態下造成光點尺寸大幅度變化而形成無法修補之狀態。又綜觀現今面板業於追求高畫素規格之前提下，其製程尺度已逐漸縮小至微米或奈米等級，因此於 TFT-LCD 面板上的檢測及修補技術中，加入自動聚焦技術予以整合已是必然趨勢。更進一步來說，TFT-LCD 面板隨著科技發展其尺寸不斷加大，其承載方式常使面板中央處高度較周圍低陷，造成玻璃變形扭曲，此一變形所導致之離焦現象會使得 AOI 系統的視覺影像模糊，無法精確檢測出缺陷座標，進而影響雷射修補的準確性，然而具自動聚焦模組之雷射修補機台則可輕易修正此缺失。圖 7.9 分別為於離焦與具自動聚焦補償狀態下，AOI 系統所觀測之影像。

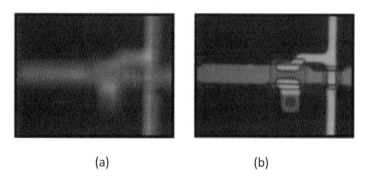

(a)　　　　　　　　　　　　　(b)

圖 7.9　　(a)離焦時所觀測之 AOI 影像(b)自動聚焦補償後所觀測之 AOI 影像

資料來源：　WDI

　　再就軟性面板而言(圖 7.10)，目前的軟性基板材料可分為塑膠基板、薄玻璃基板與不鏽鋼薄基板三大類，不論基板材料為何，其彎曲特性皆會大幅影響製程精度，故製程中皆需透過自動聚焦技術輔助。如 Seiko Epson 公司提出之 SUFTLA 製程技術，即利用雷射產生氫爆將薄膜電晶體陣列與基板剝離，再將之轉貼至軟性的塑膠基板上，此一製程中即需精確之自動聚焦控制技術配合。目前產業界所掌握之自動聚焦技術已普遍可在 1 秒內完成行程數百微米的自動聚焦控制，並可依據物鏡倍率不同，將精度控制於±0.5μm 左右，但隨著需求的演進，如何將檢測時間縮短至 0.2 秒內並維持 200μm 以上的聚焦行程，已是目前各界研究的重點之一。

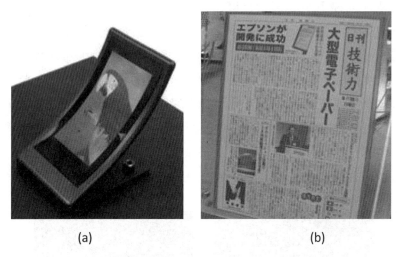

(a)   (b)

圖 7.10   (a)以玻璃為基材之彎曲型顯示器(b)軟性電子紙

資料來源： 友達光電、EPSON

7-5-2 於薄膜太陽能電池製程之應用

隨著地球能源短缺，太陽能源漸漸受到重視，再加上之前國際原油飆漲與各國鼓勵建置等因素發酵，太陽能電池需求持續上揚，矽基太陽能電池過去幾年的發展已有很好的成效，但矽材料的供應因為受到上游產量影響，有供不應求的情況發生，傳統矽晶圓式太陽能電池難以符合快速成長的太陽光電市場需求，許多業者已經開始計畫改變傳統的製造生產方法，生產薄膜(Thin Film Solar Cells)太陽能電池，其結構簡單、體積較薄，方便用於玻璃帷幕、建築一體化上，而且其所使用的矽晶片量比矽原料太陽能電池少了將近 100 倍，未來降低成本的空間很大。目前矽晶片占太陽能電池成本比重約 70%左右，如果薄膜太陽能電池的轉換率提升到和矽原料太陽能電池相當，則依照矽材料使用量來計算，可以節省七到八倍的成本，因此吸引廠商爭相開發(表 7.2)。

表 7.2　2010 年台灣投入矽薄膜太陽能電池廠商

廠商	成立時間	公司位置	投資金額	技術
宇通光能	2007 年	台南新市	21 億	Tandem
聯相光電	2007 年	台中后里	30 億	Single Tandem
富陽光電	2007 年	桃園	10 億	Single
旭能光電	2007 年	台中中科	28 億	Single
八陽光電	2007 年	台南南科	12 億	Tandem
綠能科技	2007 年	桃園	32 億	Single

資料來源：工研院積層製造與雷射應用中心

　　一般製作矽薄膜太陽電池的製程分為以下步驟，首先在玻璃基板上成長一層透明導電氧化物薄膜(TCO)，之後以雷射(Laser)將 TCO 薄膜做圖形定義，再以 PECVD 方法於 TCO 上進行矽薄膜的連續鍍膜並利用 Laser 進行矽薄膜圖形定義，然後在矽薄膜上以 PVD 方法進行金屬鍍膜，最後以 Laser 進行金屬薄膜圖形定義。當完成全部製程後，Cell 與 Cell 間藉著金屬與 TCO 薄膜的相連接形成程模組，最後再進行封裝就可完成一個太陽電池模組，如圖 7.11 所示。每塊太陽電池所能產生的伏特數，取決於所採用的半導體材料；如果使用矽，最多可產生 0.5 伏特。為了產生更高電壓，單獨的電池片必須連接在一起。對於表面積有限的低電壓太陽電池模組，往往有必要將模組的電壓標準化。然而，透過簡單的矽晶片串連卻無法達到此目標。因此，製造這種太陽電池模組必須要將普通結晶矽(Crystalline)太陽電池，切割成表面積更小的獨立電池片，然後再將之串連起來。

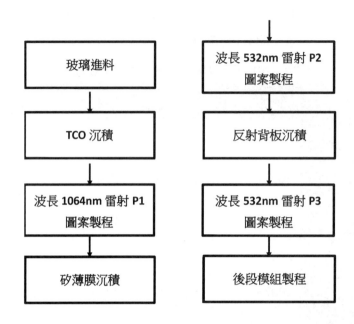

圖 7.11 矽薄膜太陽電池的製程

資料來源：工研院積層製造與雷射應用中心

綜合上述，太陽電池製程中不論是切割或是薄膜圖形定義，皆使用新型態的雷射加工方法，其是利用雷射光束聚焦到太陽電池薄膜上，形成圓錐狀的外形，使其能量能集中在很小的表面上，使被照射區域局部熔化、氣化，從而達到切割工件的目的。由於其加工是非接觸式的，對太陽電池本身無機械衝壓力，故產品不易變形，且其熱影響極小，兼可使用與雷射光束同軸的輔助氣體把燒熔的材料從切割處排出，因此以雷射切割方式來加工太陽能電池，其雷射能量和軌跡易於實現精密控制，進而完成精密複雜的加工。然而雷射光斑面積愈小且精度愈高之雷射加工系統，同樣容易因景深過短產生離焦之情形，以薄膜型太陽電池來說，其主動面積(Active Area,包括半導體層及接觸層)厚度約只有 1～10 微米，不像傳統厚膜型之厚度約為 100～300 微米，本身易因過薄而產生加工誤差，又其常隨著下基板表面的粗糙度而產生彎曲現象，因此更易發生加工時之離焦問題，此時若透過光學自動聚焦模組即時修正離焦，即可精準的控制雷射加工深度及光點尺寸，如此除可有效避免受光面積之非必要切除，並可改善加工後特徵尺寸之邊緣平整度，使薄膜太陽能模組之產品效能因而提升。

7-5-3　於 AOI 檢測上之應用

自動光學檢測(Automatic Optical Inspection, AOI)技術與系統，已廣泛應用於：印刷電路板、金屬、通訊、電子元件、半導體，光電、生醫等，各種傳統與高科技產業領域之中，因此在二維自動光學檢測技術中，不論是電控、照明或感測器等軟硬體系統，皆已相當成熟，現階段國際上之AOI 技術發展，於二維度量測技術之空間解析度上甚至已接近繞射極限。近年來更隨著光電與電子產業之快速發展，AOI 技術已進入微小化、高速化與立體化的重要轉變，如圖 7.12 所示為一以 3D 雷射製程所製作之立體電路，由此可知自動光學檢測之技術需求，已提升至三維度之立體形貌尺寸檢測，且在空間解析度與高速檢測之要求下，透明材質工件之檢測需求亦已開始浮現。

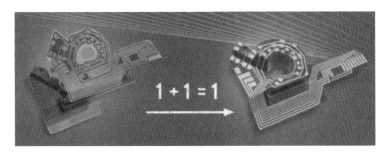

圖 7.12　雷射直雕之立體電路

資料來源：LPKF

以既有之 AOI 相關技術經驗而言，面對 3D 立體形貌之尺寸檢測，將自動聚焦技術應用於三維之 AOI 系統上，已是必然之趨勢。由於電子產品尺寸愈趨微小，製程公差所造成工件尺寸(深度、高度)之變異，已無法以固定距離檢測工件(定焦型)，尤其是微米尺寸等級以下之工件，因其深度/高度不一,故以定焦型式檢測時,易使待測工件因離焦而無法獲得工件之正確尺寸,造成檢測上之誤差。

為解決以定焦型檢測立體工件所衍生之問題,故使用深度方向等間格之分段式掃瞄技術,來進行立體工件形貌尺寸檢測之方法也因應而生。等間格分段掃瞄檢測之方式,是依序於不同檢測深度處進行定焦檢測,再將檢測結果統整並重組成立體式之檢測結果,依此提升立體工件形貌檢測之解析度,然而此法需重複移動承載鏡組(或承載工件)之馬達多次,故將大幅犧牲檢測速度。在現今產業界對製程速度與檢測時間之高度要求下,自動聚焦技術因具檢測解析度高與檢測速度快之優點與特性,故於三維度AOI檢測系統中,已成為相當重要之核心技術。

以立體電路為例,其將電子元件所需連結之 PCB 電路,以雷射化鍍製程(Laser Direct Structuring Technology, LDS)製作於立體工件上,而為確保立體電路佈線之品質,在雷射化鍍電路佈線完成之後,會以傳統探針接觸方式檢測電路是否有製程缺陷(圖 7.13);但隨立體電路製程尺寸縮小至微米尺寸以下(圖 7.14),探針接觸方式已無法檢測微細電路之缺陷,因此必須使用 AOI 方式搭配自動聚焦技術,才可確保微細電路缺陷檢測之品質。其他於電子或半導體元件之三維度形貌檢測的應用需求,有:薄膜太陽能電池切割槽檢測、金屬等元件之立體尺寸檢測等(圖 7.15、圖 7.16),其空間解析度之要求皆在次微米甚至微奈米尺寸等級,而檢測之自動聚焦速度要求需在 1sec 以內,故如何達成空間解析度高且兼具檢測速度快之規格要求,即為自動聚焦技術所面臨之挑戰。

圖 7.13　電路檢測

資料來源：SPEA

Chip Assembly:

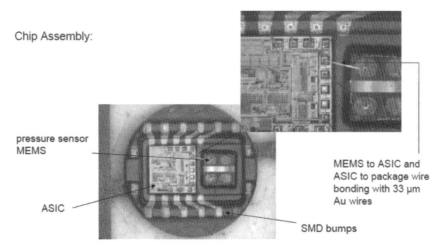

pressure sensor
MEMS

ASIC

MEMS to ASIC and
ASIC to package wire
bonding with 33 μm
Au wires

SMD bumps

圖 7.14　微米尺寸立體電路

資料來源： LPKF

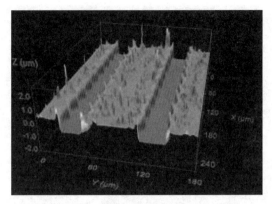

圖 7.15　薄膜太陽能切割槽檢測

資料來源：工研院積層製造與雷射應用中心

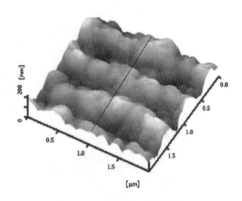

圖 7.16　金屬元件檢測

資料來源：工研院積層製造與雷射應用中心

7-6　結論

　　雷射加工及檢測技術已逐漸取代傳統機械式方法，成為新興電子光電產業中之主流製程，又為使雷射加工及檢測技術得以發揮其精度高、速度快等特色，自動聚焦技術之搭配整合已是必然之趨勢。透過自動聚焦模組之離焦偵測及即時聚焦修正，將可精確控制雷射光點之尺寸及能量密度，並藉此確保產品之品質及功效。現今產業界對自動聚焦模組之規格需求，為同時滿足聚焦精度高與反應速度快等兩大指標，而過往高品質之自動聚焦技術皆來自國外，因此國內廠商常有關鍵模組遭國外廠商箝制之感慨。為改善此一窘境，國內許多研究單位紛紛投入相關技術之研發，且近年來之相關研究成果亦已受到產業界之注目，有望打破由國外廠商壟斷此一技術之困境。唯技術之演進並無止境，自動聚焦領域之技術能量仍需持續精進，方能滿足日新月異之產業需求。

習題

1. 雷射加工時，為何需求自動聚焦模組輔助？

2. 一般而言，雷射設備或光學檢測設備中之自動聚焦系統中需包含那些部件？

3. 薄膜型太陽電池為何有自動聚焦的需求?

參考文獻

1. 陳志強，行動電視面板廠商別創新格非晶矽顯示技術脫穎而出，新通訊第 79 期，2007

2. Bahaa E. A. Saleh、Malvin Carl Teich,"Fundamentals of Photonics",Wiley, 2007

3. 曾定章、丘前恕，顯微照像快速自動對焦技術，機械月刊第 397 期，2008

4. WDIdevice，http://www.wdidevice.com/pages/default.asp

5. 鄭君丞、葉永輝，世代軟性顯示器電晶體元件，半導體科技，2007

6. 友達光電，http://auo.com/auoDEV/pressroom.php?sec=newsReleases&intTempId=1&intNewsId=640&ls=en

7. 太陽光電示範系統推廣網站，http://solarpv.itri.org.tw/memb/main.aspx

8. 艾和昌，太陽光電技術與應用，國立高雄應用科技大學綠色能源科技整合學程，2007

9. 林義成，太陽電池，平面顯示器應用技術及太陽能電池研討會，2007

10. LPKF Laser & Electronics AG，http://www.lpkfusa.com/

11. "High Accuracy in Contacting Micropads"，SPEA S.p.A.，http://www.spea.com/

12. 范光照，2D、3D AOI 尺寸量測原理，台灣大學機械工程研究所精密量測實驗室，2008

第八章　觸控面板圖案蝕刻設備

工業技術研究院 **李炫璋**

8-1　觸控面板技術簡介

　　觸控相關技術已發展多年，相關觸控的運用也已深入人們的日常生活當中，如提款機、導覽系統、KIOSK 等，但一直不受大家所關注，各種形式的觸控技術皆有其特點，但均未見到特別突出的應用實例，直到 iPhone 的問市才讓市場再度興起對觸控面板的熱潮，特別是投射式電容、多點觸控技術，而 Windows 7 新的觸控應用更讓觸控面板應用熱潮從手機開始延伸到 PC 產業。而觸控面板中 Touch Sensor 為其主要的觸控感測元件，而利用雷射在觸控面板圖案蝕刻製程技術的相關應用與設備也相繼被開發出來。

　　觸控面板相關技術大致可分為：電阻式 Resistance (數位式、類比式(4線、5 線、8 線、…))、電容式 Capacitive (表面電容、投射電容)、表面聲波式 SAW、紅外線式 IR、電磁式 Electromagnetic、光學式 Optical 等，各類型觸控面板技術比較表，如表 8.1 所示。另外全平面形式與各式 In-Cell、On-Cell 等技術亦在發展當中。

表 8.1　各類型觸控面板技術比較

技術	電阻式	電容式	表面聲波	紅外線式	電磁式	光學式
輸入方式	任意	手指 導體	手指 軟物	任意	電磁筆	手指 光感應筆
感應方式	偵測電壓	電容變化	偵測聲波	訊號阻斷	電磁誘導	光線 陰影
基板	PET/PC 玻璃	PET/玻璃	玻璃	玻璃	電磁板	玻璃
準確度	佳	佳	優	佳	佳	可
防水性	Good	Fair	Delay	Delay	Fair	
穿透率	82%	85%	92%	92%	92%	92%
特性	結構簡單	防污 防火 防靜電 防灰塵 耐刮 反應快	防火 耐刮	耐刮 防火	防污 防火 防靜電 防灰塵 耐刮 反應快	不受尺寸限制
缺點	表面強度低 怕刮 怕火 透光度低	易受導電材料影響	易受微粒水等干擾	低解析度	單點輸入	受光干擾
應用	中小尺寸面板	iPhone	中大尺寸面板	中大尺寸面板	平板電腦	中大尺寸面板

資料來源：拓墣產業研究所(2008/07)、工研院南分院整理

　　而目前一般的觸控面板製作流程，如圖 8.1 所示。其中由於光阻塗佈與顯影蝕刻屬於濕式製程，所需的工法較複雜，圖形(Patterning)變更不僅耗時，而且也相對的困難，製作過程中也有化學廢液處理的環保問題，因此逐漸被雷射乾式製程所取代。所以雷射乾式製程特別適合使用在少量多樣的圖案成形製作。

　　雷射圖案製程應用技術具有單道程序及乾式製程等優點，在大尺寸平面顯示器製程上，已逐漸受到重視可應用至各種平面顯示器(LCD、PDP、OLED)、觸控面板(Touch Panel)之電極圖案製程上。此外，在設備建置上與傳統黃光製程相比，具有製程步驟簡化、高精度、低建置成本等優勢。

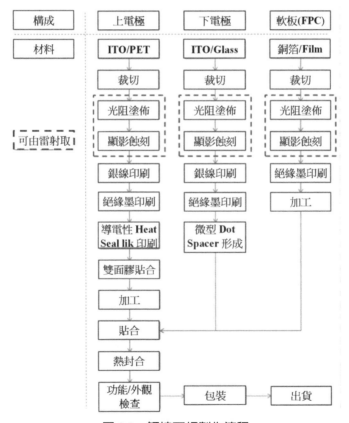

圖 8.1　觸控面板製作流程

8-2 觸控面板蝕刻技術

觸控面板上的透明導電膜主要是銦錫氧化物(ITO)透明導電薄膜用來傳導訊號,不過,由於導電薄膜濺鍍基本上是整面的,無法針對所要的圖形進行濺鍍,因此,若要在已濺鍍完的基板上形成圖形,需將 ITO 薄膜進行蝕刻。目前一般蝕刻的方式有兩種,分別為濕式蝕刻與乾式蝕刻。濕式蝕刻為黃光微影蝕刻製程,相對於乾式蝕刻而言比較複雜,而且也須經過清洗的動作;且濕式蝕刻的圖形是經由光罩形成,若圖形需要改變則需配合光罩的修改。而乾式蝕刻,只需透過電腦規劃出所需要圖形,再配合雷射掃描系統,即可蝕刻出所要的圖形。

由表 8.2 可知乾式與濕式的蝕刻技術比較可以看出,雷射有濕式蝕刻無法即時更換圖形的優點,且相對於製作流程也少了好幾道流程。若部份材料(如:電子紙)無法或不易進行濕式蝕刻只能選擇其他方式進行,而雷射蝕刻則為很好的選項之一。且雷射亦可進行劃線、切割等加工。

表 8.2 蝕刻技術比較表

	雷射蝕刻	濕式蝕刻
In-Line 製程整合性	佳	佳
設備成本	中	高
廢水處理	無	需
優點	可隨時更換所要的蝕刻圖形,適合多樣化的圖形加工。不需任何製程搭配即可完成 ITO 蝕刻。	可整片基板進行蝕刻處理。
缺點	屬於點的加工,無法整面同時進行,但可透過多 Beam 的方式進行改善。	換圖形需換光罩,較無彈性。需進行多次的製程較複雜。需有化學藥劑有潛在環保問題。

觸控面板進行貼合之前須將各層的 ITO 導電層利用雷射進行蝕刻，Pattern 所要的電極圖形，如圖 8.2 所示，經由雷射的加工，將基板上的 ITO 去除。

圖 8.2　雷射蝕刻示意圖

現今的觸控面板設計上，針對蝕刻的圖形依功能性分為二種，一種為電阻式，只需 Isolation，即只需蝕刻邊框，將導電線路、圖形製作出來，如圖 8.3 所示，為 ITO on PET 雷射蝕刻(Isolation)與切割。另一種為電容式的蝕刻，需做圖形的 Patterning，即需做整區的圖形，如圖 8.4 所示為典型的電容式蝕刻圖案。電容式在防污、防刮的特性比電阻式好，且透光性佳，不過，電容式蝕刻的圖形較為複雜，而電阻式的圖形較簡單。但目前亦有業者開發只蝕刻邊緣的電容式圖案。

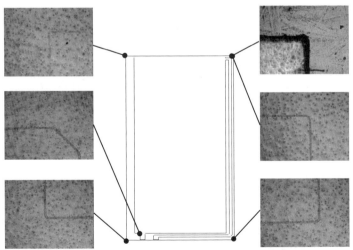

圖 8.3　電阻式蝕刻圖案(Isolation)與 PET 外觀切割

圖 8.4 電容式蝕刻圖案(Pattern)

8-3 雷射蝕刻設備架構

目前雷射蝕刻設備架構主要有幾個方式：一種是透過振鏡進行雷射加工，另一種為平台直寫式的方式完成。透過 XY 平台來進行直線畫切，對於複雜的圖形會有耗時的問題產生。另一方面，透過振鏡的方式處理加工，雖然可以快速的加工複雜的圖形，但由於掃描的範圍較小，對於較大的直線圖形，就需要利用雷射搭配 XY 平台來完成。因此，發展出複合式的雷射加工系統，將振鏡掃描系統結合雷射直寫系統搭配同步觸發模組，透過掃描與直寫式加工的結合，可以針對複雜圖形與大面積的線段進行加工。各式的加工系統架構優缺點的比較，如表 8.3 所示。

表 8.3 各種雷射蝕刻技術比較

項目	複合式雷射蝕刻系統 (振鏡掃描+雷射直寫)	振鏡掃描式 雷射蝕刻系統	平台直寫式 雷射蝕刻系統
優點	同時對複雜圖形與長行程的線段做加工(搭配 XY 平台)。有雷射同步觸發功能，雷射加工線段頭尾無過切的問題	可針對複雜圖形進行雷射蝕刻。	搭配 XY 平台行程，可做較長行程線段加工。
缺點	系統架構較複雜。畸變問題可經由本計劃的校正技術進行補正。	有圖形的畸變問題。加工面積較小，受限於掃描範圍。	複雜圖形的加工，效率差。線段的頭尾會有加工能量過大的問題。

8-4　複合式雷射蝕刻系統

針對複合式雷射蝕刻系統，所需之關鍵模組主要可分成四大部分：

1. 雷射聚焦光路與光斑調變模組

2. 雷射同步觸發模組

3. 振鏡掃描控制模組。

4. 同軸視覺成像模組。

完整的雷射蝕刻系統示意圖，如圖 8.5 所示。

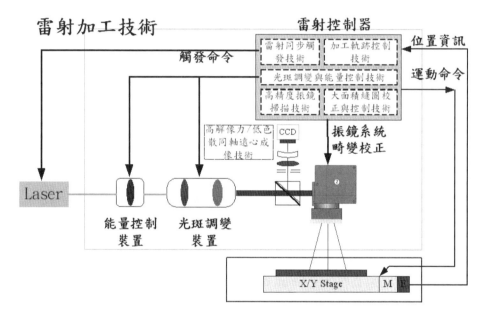

圖 8.5　雷射蝕刻系統示意圖

8-4-1　雷射聚焦光路與光斑調變模組

依據繞射極限所推得的雷射聚焦直徑公式，可以針對加工需求進行雷射源及光學組件的設計。

$$\text{Focus Spot：} \quad 2W_0 \approx \frac{4 * \lambda * f * M^2}{\pi * D}$$

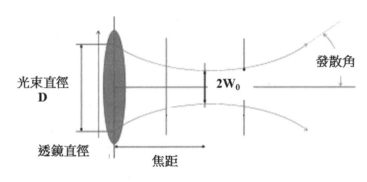

圖 8.6　雷射光束聚焦示意圖

其中

$2W_0$：雷射聚焦後的光斑直徑

λ：雷射波長

f：透鏡焦距

D：入射光束直徑(raw beam diameter)

M^2：雷射品質係數

如圖 8.6 所示，藉由控制入射光束直徑 D 的大小，即可以動態改變聚焦光斑尺寸，達到光斑控制的目的。

1.　擴束鏡(Beam Expander)

擴束鏡(Beam Expander)主要是為達到入射光擴束的目的，此採用 Motorized 式的擴束模組目前可達到 1X~4X 的放大效果，可藉由倍率的調整，進行光斑尺寸的調控，圖 8.7 為實驗用之擴束鏡實體圖(Motorized 式可調擴束模組、手動可調擴束模組、固定倍率擴束模組)，而表 8.4 為該擴束鏡之規格。在高產速雷射圖案化技術中，需使用擴束鏡滿足光束整型模組對入射光斑尺寸需求。此外，對一般聚焦鏡組來說也需要擴束鏡組來滿足加工解析度的需求。圖 8.8 指出，不同倍率之擴束鏡與加工線寬關係的實驗結果。

圖 8.7　雷射擴束鏡之實體圖

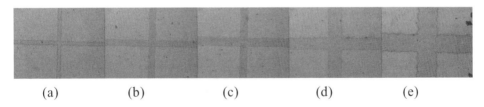

(a)　　　　　(b)　　　　　(c)　　　　　(d)　　　　　(e)

(a)X=23um、Y=21um；(b)X=43um、Y=42um；(c)X=60um、Y=52um；(d)X=85um、Y=79um；(e)X=131um、Y=113um。

圖 8.8　不同倍率之擴束鏡與加工線寬關係實驗結果

表 8.4　擴束鏡規格表

Expansion Range	2x-8x Continuous or 1x-4x continuous
Input Aperture	10mm Max
Output Aperture	30mm
Beam Wander	0.15 mRad for 1-4X Beam Expander 0.3 mRad for 2-8X Beam Expander
Wavefront Distortion	<1/4 Wave @ 633 nm
Field of View	+ / - 0.5 Degrees
Transmission	>95%
Damage Threshold UV & 　VIS-NIR models	100 MW/cm^2 for 10 ns pulse width, 1 cm beam diameter and 10 Hz
Damage Threshold IR (CO$_2$) models	20 kW/cm^2 pulsed wave, 1kW/cm^2 continuous wave
Expansion Change Time	< 10 seconds
Usable Temperature Range	-10 to +50 Celsius

2.　衰減器(Attenuator)

衰減器的輸出功率可透過衰減器內鏡組旋轉來達到不同的衰減效果 (1~95%)，其工作原理如圖 8.9 所示，旋轉半波片 (Half-Wave plate)的角度，以控制雷射光偏振的方向，將原本為水平偏振的雷射光，調整其不同的偏振角度，再透過 Polarizing Beam Splitter 控制輸出雷射光的強度。

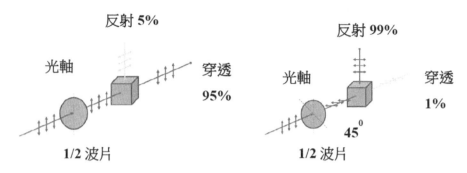

圖 8.9　衰減器工作原理示意圖

8-4-2　雷射同步觸發模組

在平台雷射直寫式加工時，因平台馬達的運動控制有加減速的現象，加工線段的頭尾部分，會因為加減速現象，在線段的端點累積過多的能量，使得線段的端點有加工不均勻的問題，可看出熱影響區(HAZ)及噴濺物的現象，如圖 8.10(a)所示。針對此一問題，有必要發展一雙軸的平台位置同步技術，透過偵測平台馬達位置的方法，去即時調變雷射功率，以消除線段端點加工不均勻的現象，如圖 8.10(b)所示。

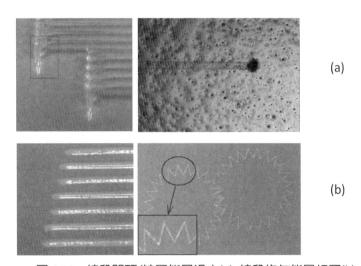

圖 8.10　線段開頭/結尾能量過大(a)　線段均勻能量相同(b)

　　而此現象發生的原因乃因雷射控制器 Trigger 雷射為定頻率的方式如圖 8.11 所示，它與移動平台之間並無迴授機制，因此，雷射制控器並不知道平台目前的位置與速度，只能持續輸出固定頻率，因此會有加工不均的現象。為解決此部份的問題，雷射控制器本身要對馬達加減速的曲線，產生不同的 Trigger 頻率，如圖 8.12 所示。

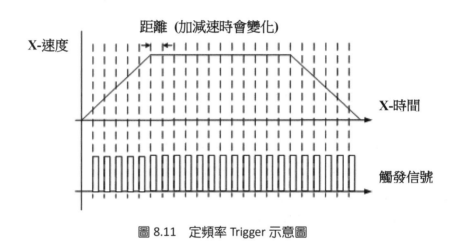

圖 8.11　定頻率 Trigger 示意圖

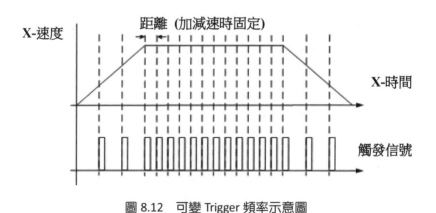

圖 8.12　可變 Trigger 頻率示意圖

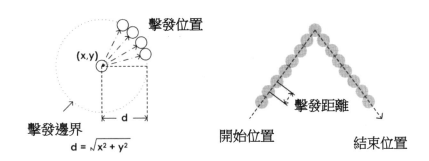

圖 8.13　觸發位置示意圖

　　雷射同步觸發模組其作動方式,主要是透過編碼器(Encoder)介面作迴授控制,模組擷取平台位置,配合設定的加工位置距離,即時進行距離比對並且輸出雷射觸發脈衝(Trigger),如圖 8.13。因此在雷射加工的全路徑,其加工能量及覆蓋率(Overlap)是均勻的,此一雷射擊發機制可有效的排除線段端點加工不均勻的困擾,有效的提升製程的穩定性,及提高產品加工品質。實際應用上,若利用距離的公式計算,來得到 X、Y 軸的移動量,將會耗掉系統許多的資源,且系統的反應速度也不夠快,因此,為解決此問題,將使用嵌入式系統搭配硬體描述語言的方式來實現。雷射同步觸發模組是一獨立(Stand Alone)運作之的模組,可透過通訊介面與主控制系統作通訊,透過溝通介面設定雷射同步觸發模組相關參數後,模組即可獨立運作,不需額外複雜的控制。讓使用者可以很方便的運用,避免複雜控制所造成的不穩定現象。由圖 8.14 加工結果可看出:雷射觸發控制同步模組之能量均質化調變效能,使得在做雷射蝕刻加工時,具備極寬之速度變化容忍度。

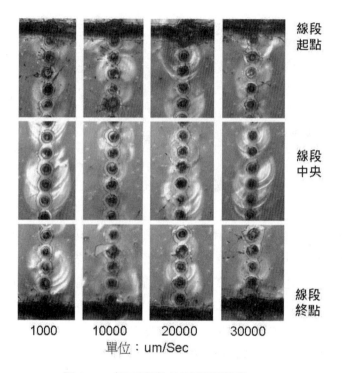

<table>
<tr><td></td><td></td><td></td><td></td><td>線段
起點</td></tr>
</table>

線段
起點

線段
中央

線段
終點

| 1000 | 10000 | 20000 | 30000 |

單位：um/Sec

圖 8.14　加工速度-位置精度驗證

8-4-3　振鏡掃描控制模組

　　掃描振鏡模組(Galvanometer Module)主要由掃描頭(Scan Head)與聚焦鏡(F-θ　Lens)所組成，掃描頭，如圖 8.15，包含了兩組掃描振鏡，可分別控制 X、Y 兩軸的掃描方向，單組掃描振鏡包含馬達與反射鏡，在接到電訊號後，轉動軸帶動反射鏡發生偏轉，使雷射光可依據 CAD 介面的規畫，進行複雜圖案的加工。反射鏡是隨著雷射波長所選用，不同的雷射源，反射鏡的材質亦不同，而馬達也隨者反射鏡的大小而有所變動，一般而言，較大的馬達雖然可以裝設較大的反射鏡，不過，相對的運動慣量也會較大，且運動的速度也比小馬達慢許多。鏡子的大小主要是由雷射的初始光斑尺寸決定，而決定雷射的初始光斑尺寸大小的要素之一在聚焦鏡。通常聚焦鏡的製造商都會建議使用者進入聚焦前的 Beam Size，此值會影響到雷射的 Beam Size 大小進而影響加工品質。因此，振鏡的選用應該由聚焦鏡開始反推回來到馬達的 Mirror，如此才可達到自己所要的加工規格、Spot Size。掃描振鏡模組光路原理如圖 8.16 所示。而聚焦鏡主要可分為 F-Theta Scan Lens 與 Telecentric Scan Lens，如圖 8.17，其目的皆可使雷射光經過 X、Y 掃描振鏡後，可準確的於焦平面聚焦，以進行加工。

圖 8.15　掃描頭(Scan Head)與掃描振鏡示意圖

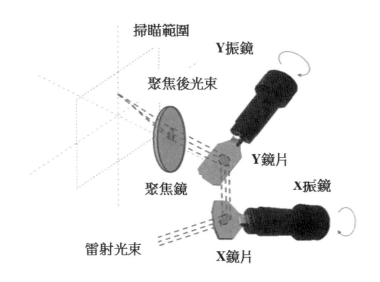

圖 8.16　掃描振鏡光路原理簡圖

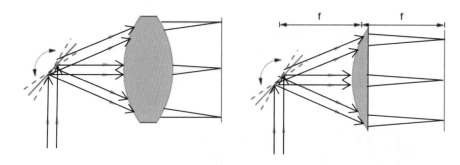

圖 8.17 F-Theta Scan Lens 與 Telecentric Scan Lens 示意圖

　　振鏡掃描的控制，主要包含了幾個部份，分別為雷射重疊率控制、雷射能量密度、蝕刻圖案的畸變問題、振鏡 Delay 參數。

1. 雷射重疊率(Overlap)：

　　雷射加工重複率(Overlap)可透過雷射加工之光斑尺寸大小與每發雷射間隔距離來進行定義，如下圖 8.18，當每發雷射之光斑直徑為 D，而每發雷射間隔距離為 S 時，則其 Overlap 可定義如下式：

$$\text{overlap} = \frac{D-S}{D} \times 100\% \;,\; S = \frac{\text{Scanner scan speed}}{\text{Laser Repetetion rate}}$$

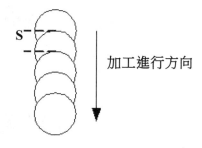

圖 8.18 雷射加工重複率示意圖

　　藉由控制雷射重疊率，可以改變單位時間內，材料接受的雷射能量。

2.　雷射能量密度(Energy Density)：

與雷射加工重疊率相輔相成，也是決定材料進行雷射加工時，重要的參數，其定義為單位面積上的雷射能量，單位是 J/cm^2，如下圖 8.19。

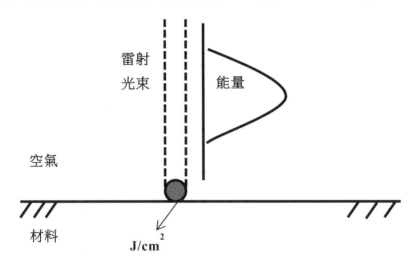

圖 8.19　雷射能量密度示意圖

3.　蝕刻圖案的畸變問題：

由於透過振鏡進行雷射加工，會因為振鏡馬達的 X、Y 軸組裝不精準或是使用 F-θ 聚焦鏡等元件，而造成加工圖形畸變的現象產生，如下圖 8.20 所示。因此，需透過校正的方式，對畸變的圖形進行補償的動作，以降低圖案形變的程度。

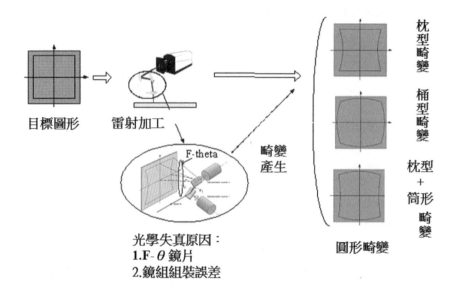

圖 8.20 蝕刻圖案畸變示意圖

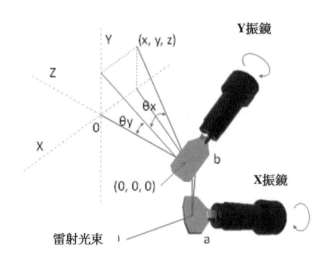

圖 8.21 振鏡掃描系統原理結構圖

掃描振鏡架構圖，如圖 8.21 所示。假設 x 軸和 y 軸反射鏡之間的距離為 e，y 振鏡的軸線到視場平面座標原點的距離為 d，當 x、y 軸的光學偏轉角分別為 θ_x 和 θ_y 時，加工平面上相應光點座標為(x，y)，且當 x = y = 0 時 $\theta_x = \theta_y = 0$，則：

$$\begin{cases} y = d \tan \theta y \\ x = \left(\sqrt{d^2 + y^2} + e \right) \tan \theta_x \end{cases} \qquad (8.1)$$

$$\begin{cases} \theta_x = \arctan(\dfrac{y}{d}) \\ \theta_x = \arctan(\dfrac{x}{\sqrt{d^2 + y^2} + e} \end{cases} \qquad (8.2)$$

利用振鏡系統進行加工時，是透過控制 θ_x 與 θ_y 來實現 x o y 平面內二維圖形的掃描。由式(8.1)可知，當 θ_x 變化，θ_y 不變時，僅 x 發生變化，而當 θ_x 不變(設為 θ_0)，θ_y 變化時，x、y 都發生變化透過對式(8.1)進行變換得：

$$(x / \tan \theta_0 - e^2) - y^2 = d^2 \qquad (8.3)$$

式(8.3)描述的曲線是雙曲線。由此可見，振鏡的二維掃描平面有畸變問題的存在。如圖 8.22 所示

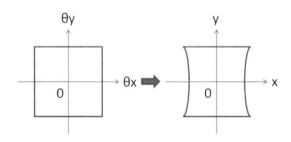

圖 8.22　枕形畸變示意圖

這種畸變光學上稱為單軸枕形畸變。用雙曲線的弦高來定義枕形誤差 ε，即當 θ_x 不變 (θ_0)，θ_y 從 0 變到 $-\theta_y$ 時，x 的變化值為從上式可看出，當 d 一定時，枕形誤差與 θ_x 和 θ_y 有關，它隨 θ_x，θ_y 的增大而增大，所以在掃描平面的中心附近枕形誤差較小，而邊緣的畸變較大。設掃描角度範圍為 ±20°，平面掃描範圍為 500 mm × 500mm，當 θ_x 和 θ_y 為 20° 時，相對枕形誤差（ε 與掃描範圍 500 mm × 500mm 之比）約為 3%；而當 θ_x 和 θ_y 降至 10° 時，相對枕形誤差降至約 0.36%，此時，掃描畸變難以看出。

由上可知，利用振鏡進行圖形掃描時，會發生枕形畸變的問題，而利用振鏡進行掃描時，一般都搭配 F-θ 聚焦鏡將雷射聚焦，而透過 F-θ 加工時，就會產生桶形+枕形畸變的問題，而此失真的問題將會影響到雷射的雕刻的成像品質及定位精度及無法預期的雕刻結果，因此在進行雕刻之前需對雕刻頭進行畸變的補償動作。為解決振鏡畸變的問題，需透過校正表補償的方式進行。目前大部分是以人工的方式進行畸變點的量測，將畸變圖形進行量測後，再進行補償值輸入、建立補償表，以得到好的量測結果。以人工的方式進行畸變量測，其缺點為耗時、速度慢且精度較差。因此，可透過視覺取像技術，達到畸變快速校正的功能，如圖 8.23 所示。

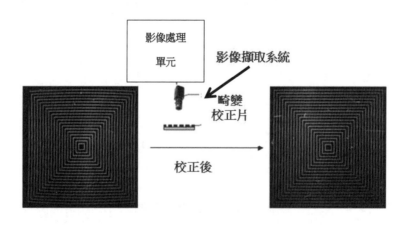

圖 8.23　畸變校正前後比較示意圖(工研院美國、台灣專利獲證)

4. 振鏡雷射 Delay 參數：

　　雷射的 delay 參數可分：Laser On Delay、Laser Off Delay、Mark Delay、Jump Delay、Polygon Delay 等參數，其中：Laser On Delay、Laser Off Delay 主要是延遲雷射開啟與關閉的時間，Mark Delay 主要是控制器等待馬達到位時間。而 Jump Delay 是控制器對馬達下達執行 Jump 指令後，等待馬達穩定所延遲的時間。最後 Polygon Delay 主要是設馬達轉折點的延遲時間。雕刻延遲參數設定的影響，如表 8.5 所示，圖 8.24 說明正常加工後之狀態 (無 Delay 影響時)。

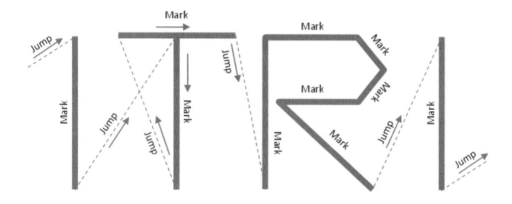

圖 8.24　LaserOnDelay、LaserOffDelay、Mark Delay

表 8.5 雕刻延遲參數設定的影響

加工示意圖	影響參數
	Laser On Delay too short 進行雕刻向量加工時，反射鏡未達所需的角速度前，雷射即開啟所造成
	LaserOn Delay too long 進行雕刻向量加工時，雷射太晚開啟所造成
	Laser Off Delay too short 進行最後雕刻向量加工時，反射鏡尚未到達最終向量位置前，雷射已關閉所造成
	Laser Off Delay too long 進行最後雕刻向量加工時，反射鏡已到位停止或移動緩慢時，雷射太晚關閉所造成
	Mark Delay too short 反射鏡尚未到達最後雕刻向量位置前，控制器已執行下一跳躍命令
	Mark Delay too long 不影響加工結果(看不出來)，但會增加掃描加工時間
	Polygon Delay too short 反射鏡尚未到達目前雕刻向量位置前，控制器已執行下一雕刻線段向量命令
	Polygon Delay too long 反射鏡轉角停留過久或移動過慢，造成雷射過加工現象

8-4-4　同軸視覺成像模組

　　雷射掃描 F-θ 同軸視覺與雷射直寫式同軸視覺的設計架構大同小異，都為兩系統結合之設計，差異點在於由 F-θ 掃描透鏡取代聚焦鏡的規格，如圖 8.25 所示：

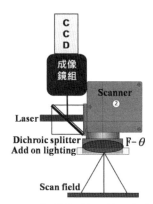

圖 8.25　掃描振鏡同軸視覺架構

　　由於市售 F-θ 掃描鏡其內部鏡片通常為一群四片 (1-group 4-element)或一群五片之鏡組，在光學設計上首先必須先針對市售品規格進行逆向模擬工程，而 CCD 成像透鏡系統，必須匹配 F-θ 掃描透鏡系統而設計，並達到消各式像差與縮短成像距離之目的。整體系統設計的困難點在於，一般市售 F-θ 透鏡並不會提供詳細的鏡片規格，因此必須先根據 F-θ 透鏡的規格進行逆向模擬工程。圖 8.26 為市售 F-θ 掃描透鏡規格。

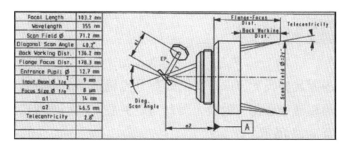

圖 8.26　市售 F-θ 掃描透鏡規格

通常只利用 F-θ 透鏡鏡片規格進行模擬是不足夠的，所以必須使用既有鏡片經過一連串的實地測試才能會得準確的模擬規格，接著再根據逆向模擬的結果計算 F-θ 透鏡各式像差，CCD 成像透鏡系統之工作即為修正此 F-θ 透鏡之殘餘像差(Residual Aberration)，並在模擬過程中考慮雷射光與可見光波段差異造成的光程差導致 CCD 觀看的影像平面差異分析，藉由這兩大主軸的設計與修正達到影像規格之要求。

藉由光學分析與模擬，目前工研院已成功開發出針對常用的掃描面積 180×180 mm^2 的 F-θ 掃描透鏡，設計出 0.5 倍至 4 倍的光學放大倍率之同軸視覺模組，其可應用範圍為大於 100×100 mm^2 之區域，同時均可得到清晰的影像，並申請相關的專利保護，詳細應用規格如表 8.6 所示：

表 8.6 工研院同軸視覺模組規格

雷射掃描 F-θ 同軸視覺模組		
雷射規格	雷射應用波段(nm)	355/1064
	掃描範圍 (mm^2) Max	180*180
	聚焦加工線寬 (μm)	20 ~ 50
視覺規格	外加光源波長(nm)	550~650
	MTF (lp/mm @30%)	$\geqq$ 20
	影像放大率	0.5X、1X、2X、4X
	FOV (mm^2)	$\geqq$ 3.2 x 2.4
	可視掃描範圍 (mm^2)	$\geqq$ 160*160
	光學畸變 (%)	＜1
	場曲 (mm)	＜1

在同軸視覺光機設計方面，特別針對分光鏡設計微調機構，可微調雷射加工中心與視覺中心完美重疊，藉此可避免多一中心位置校正之困擾，如圖 8.27、圖 8.28 所示：

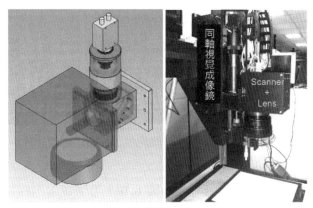

圖 8.27　雷射掃描同軸視覺光機設計

圖 8.28　雷射掃描同軸視覺(4X)光機設計

　　在不同倍率下，同軸視覺掃描中心位置的影像品質，如圖 8.29 所示，0.5X 與 1X 之 MTF 為介於 20~30 lp/mm @ 30%，而 2X 的 MTF 為大於 30 lp/mm @ 30%，換算解析度可達小於 17　μm。

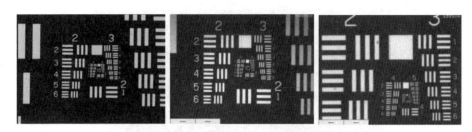

圖 8.29 0.5X、1X 與 2X 同軸視覺模組之影像品質

在掃描影像的實際拍攝結果，由圖 8.30，可清楚看出掃描之中心位置與偏移 50 mm 處(即掃描區域 100×100 mm^2)之影像表現幾乎一致，沒有受到掃描畸變與各式光學誤差的影響，因此在雷射掃描 100×100 mm^2 的範圍內，皆可利用同等清晰的影像進行視覺定位，避免因視覺模糊造成的定位或檢測誤差問題。

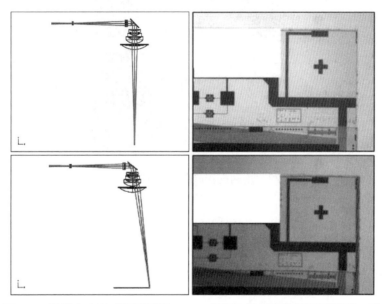

圖 8.30 掃描中心(上排)與偏移 50 mm(下排)處之影像修正至幾乎一致

雷射同軸視覺已是未來應用上必然的趨勢，而除了以上介紹的雷射與視覺光學設計上，打光技術與縮小模組尺寸也是探討的重要課題。依工研院積雷中心指出，現階段針對雷射直寫式應用可以針對不同的單片式聚焦透鏡(如聚焦長度 40mm~200mm)進行不同倍率(1X~10X)的設計，滿足雷射加工線寬 20~50　μm 之高倍率視覺定位系統；亦可針對顯微物鏡(Object Lens)進行設計，可達到雷射加工線寬小於 5μm 之視覺檢測系統。在工研院自主的雷射掃描 F-θ 同軸視覺設計上，可提供紫外(355 nm)至紅外(1064 nm)不同波段的同軸成像設計與 F160 與 F250 之 F-θ 鏡片，完成倍率可設計於 0.5X~4X 之間，可應用於觸控面板圖案蝕刻(Laser Patterning for Touch Panel)、雷射短路環切割(Laser Shorting Cut)與晶片打印(IC Marking)，透過大面積雷射掃描與視覺定位，可有效提昇製程效率。而除了以上的應用外，未來亦可加以拓展到長波長雷射 (如 CO_2 雷射)，或與超快/飛秒雷射相結合的同軸視覺需求，提供業界所需的完整雷射加工應用解決方案。

1.　類比與數位式攝影機

CCD(Charge Coupled Device，感光耦合元件)為可記錄光線變化的半導體，通常以百萬像素(megapixel)為單位。規格中的多少百萬像素，指的就是 CCD 的解析度，也就是指 CCD 上有多少感光元件。CCD 上感光元件的表面具有儲存電荷的能力，並以矩陣的方式排列，當其表面感受到光線時，會將電荷反應在元件上，整個 CCD 上的所有感光元件所產生的訊號，就構成了一個完整的畫面。因此 CCD 通常用在數位相機(Digital Camera)與掃瞄器(Scanner)上，作為感光的元件。CMOS(Complementary Metal-Oxide Semiconductor，互補性氧化金屬半導體)和 CCD 一樣同為可記錄光線變化的半導體。CMOS 的製造技術和一般電腦晶片沒什麼差別，主要是利用矽和鍺這兩種元素所做成的半導體，使其在 CMOS 上共存著帶 N(帶－電)和 P(帶+電)極的半導體，這兩個互補效應所產生的電流即可被處理晶片紀錄和解讀成影像。然而，CMOS 的缺點就是太容易出現雜點，這主要是因為早期的設計使 CMOS 在處理快速變化的影像時，由於電流變化過於頻繁而會產生過熱的現象。CMOS 對抗 CCD 的優勢在於成本低、耗電需求少、便於製造，可以與影像處理電路同處於一個晶片上。

　　常用的類比式 CCD 為搭配 C-Mount 鏡頭使用，一般來說，CCD 的成像能力還是比 CMOS 晶片來的佳，但隨著技術的進步，目前已有成熟的 CMOS 晶片可供選擇。

　　數位式 CCD 與類比式 CCD 相比，數位式 CCD 的特點為訊號乾淨、影像品質高，搭配數位接收卡，可取得大頻寬與高傳輸速率，由於數位式 CCD 直接在硬體內部做完數位轉換後直接輸出，其數位化的訊號不易受到環境雜訊的影響，當設備搭載高頻驅動器與動力裝置，若接地或雜訊抑制不當，常會造成類比式 CCD 有雜訊干擾進而造成影像誤判或製程失效，因此採用數位式 CCD 是極佳的選擇之一。

　　數位式 CCD 種類大致有幾個種類，包含：Camera Link、IEEE-1394(FireWire)、LVDS 與 GigaE，使用者可以根據使用的頻寬、條件與傳輸距離進行選擇。IEEE-1394 CCD，一般搭配數位接收卡採用 A Type，傳輸速率為每秒 400MBit，已被工業界列為標準介面，可搭配 C-Mount 鏡頭，體積小易裝置於設備空間有限的場合，驅動方式簡易，並提供函數呼叫設定功能，可讓使用者針對不同的取像需求，透過呼叫函數方式更改曝光時間(Shutter time)或增益值(Gain Value)，提升使用便利性。

　　GigE 指的是 Gigabit Ethernet，也就是 1000M bps 的乙太網路。由於機器視覺(Machine Vision)需要高速、即時且穩定的傳輸，GigE 便成為新一代工業相機的新選擇。Giga Vision 是由 AIA(The Automated Imaging Association)所製訂的一個基於 GigE 的工業相機高速傳輸的標準，包含：

1.　Device Discovery：定義 GigE camera 如何取得 IP 地址和如何在網路上被識別；

2.　GVCP(GigE Vision Control Protocol)：定義如何描述資料流通道(stream channel)和控制，以及 GigE Camera 的設定；

3. GVSP(GigE Vision Stream Protocol)：定義影像在傳送時如何封裝以及 GigE Camera 如何將影像和其他資訊傳送給遠端電腦；

4. GenICAM：由 EMVA's (European Machine Vision Association)所定義。提供相機和應用程式間利用簡單的方式交換訊息而不論硬體介面和軟體通訊協議是什麼。

GigE Canera 通常指合於 GigE Vision 標準的 Gigabit Ethernet Camera，這和一般只使用 Gigabit Ethernet 為介面的相機不同，可自成一個遠端 server，並可整合 I/O 和 PLC，以達到降低系統成本的目的，以高速 (1Gigabit bps)傳輸未壓縮的影像利用 Real-Time 的方式經由低廉的網路線傳給電腦，可達 100 米的傳輸距離。

8-5　雷射蝕刻設備

此設備系統為 ITO 導電薄膜蝕刻製程，可針對 ITO/Glass 基板及 ITO/PET 基板進行雷射加工，主要可應用於觸碰面板、液晶顯示器及電子紙的 ITO 薄膜加工。雷射蝕刻製程為乾式製程，無須化學蝕刻及清洗藥劑，不會造成環境污染、系統設計可以依使用者 CAD 數據進行蝕刻圖案加工，具備高彈性、低成本及高產能的特色。設備硬體概分七項模組：

1. 雷射源
2. 光路與掃描振鏡模組
3. 移載平台模組
4. 吸附平台模組
5. 視覺定位模組
6. 基座模組
7. 吸/除塵模組

設備外觀，如圖 8.31，設備內部構造，如圖 8.32，包含光路與掃描振

鏡模組、移載平台模組、吸附平台模組、基座模組。吸附平台,如圖 8.33,
為多孔性鋁材,須確保材料能平整吸附,並且雷射加工時盡量不再對材料
產生二次加工的不良反應。雷射、光學系統,如圖 8.34 所示,包含雷射源、
Shutter、衰減器(Attenuator)、轉折鏡(Bender)、擴束鏡(Beam Expander)、
振鏡(Scanner)。雷射振鏡與同軸視覺模組,如圖 8.35 所示。設備操作流程
如圖 8.36 所示。

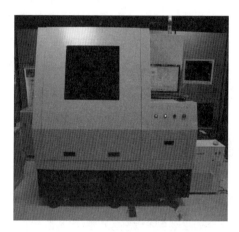

圖 8.31　雷射蝕刻設備外觀

圖 8.32　雷射蝕刻設備內部

圖 8.33　多孔性材料吸附平台

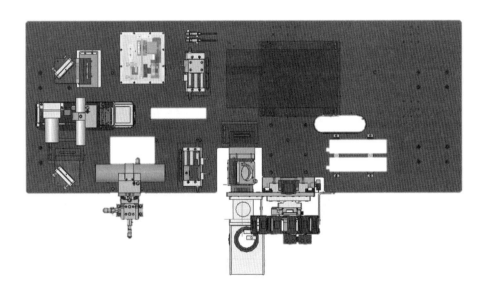

圖 8.34　雷射光學系統

圖 8.35 雷射振鏡與同軸視覺模組

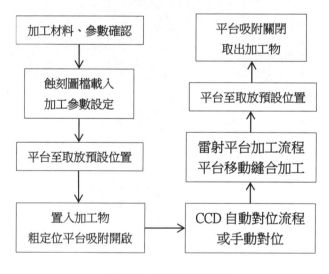

圖 8.36 加工操作流程

8-6　結論

依目前技術而言，ITO on PET 與 ITO on Glass 均可得到良好的蝕刻效果。以加工速度與製程考量來看，電阻式雷射劃線蝕刻機已可取代濕式製程設備。而雷射蝕刻機可作為電容式觸控面板打樣設備，如此可節省打樣時間與打樣成本(無需基本 Tooling 費用)。若電容式觸控面板 Touch Sensor 圖形設計可在單面完成且只需 Isolation，即設計電極時將蝕刻面積縮到最小且不進行大面積蝕刻，則電容式雷射蝕刻亦有機會取代濕式製程。另相同技術亦可運用於銀膠蝕刻製程，可運用於窄邊框設計。

依目前工研院　南分院　積雷中心指出，已完成複合式透明導電層雷射蝕刻技術的開發，特別是雷射光路與光斑調變技術、雷射聚焦調控技術、雷射同步觸發技術、振鏡動態掃描控制技術、同軸視覺技術的建立。針對在光電產業或半導體業中有關的雷射技術，均可得到合適的支援。此技術亦可透過光路調整、雷射能量控制、製程參數控制等方法進行現在所熱門的產業：FPC 軟板切割、面板短路環切割、Marking、Drilling、Scribing(LED、Glass)、Patterning、Etching、Repair、⋯等雷射相關技術運用。

習題

1. 乾式蝕刻與濕式蝕刻優缺點比較？

2. 振鏡掃描式加工與直寫式加工優缺點比較？

3. 試述聚焦光斑公式與一般調變的方式？

4. 試述掃描雕刻參數中各 Delay 參數的意義與影響？

參考資料

1. 李炫璋、呂紹銓，複合式透明導電層雷射蝕刻系統開發計畫書，工研院南分院 雷射應用科技中心雷射系統應用部，2009.05

2. 柏德葳、李永健，觸動人心好商機-觸控面板人性化介面新趨勢，拓墣產業研究所，TRI 產業專題報告 121，2008.08

3. SCANLAB AG Ins.，http://www.scanlab.de/

4. 趙毅、盧秉恒，振鏡掃描系統的枕形畸變校正演算法，中國雷射第 30 卷第 3 期，2003

5. 訊技科技股份有限公司，《ZMAX 光學設計程式使用手冊》，2003

6. 吳國誠，光學製作公差的探討，光學工程，第三期，1982

7. Warren J. Smith, "Modern Optical Engineering", 3rd edition, McGraw-Hill, 2000

8. Pantazis Mouroulis/John Macdonald, "Geometrical Optics and Optical Design", New York, 1997

9. Bass Michael., Van Stryland Eric W., Williams David R., Wolfe William., "HANDBOOK OF OPTICS", 2nd edition, McGraw-Hill, 2001

10. Saleh Bahaa E. A., Teich Malvin Carl., "Fundamentals of Photonics", 2nd edition, WILEY-INTERSCIENCE, 2007

11. 李炫璋，雷射於觸控面板圖案蝕刻製程技術之應用，雷射應用(Laser Application)冬季號，2009.11

第九章　LED燈具量測系統

工業技術研究院　南分院 **楊鈞杰**

9-1　前言

　　LED 是目前取代白熾燈與螢光燈最有效率的次世代照明光源主流，具有相當大的潛在產值，因此全球具有相當多的研究資源投入開發與生產，尤其在台灣更是目前主要的高科技產業之一。然而由於 LED 在發光的原理、形態上與傳統光源有相當大的差異，因此不僅在前端的製造生產與傳統光源有很大的差異，就連在後段的檢測也會有相當大的差異。因此各國積極在找出適當的 LED 量測與檢測方式，目前各大知名認證已經具備有 LED 專用的認證標準，如下列幾種：

1.　北美認證：UL 認證：

　　UL 認證是美國民間安全測試機構保險商試驗所 (UnderwriterLaboratoriesInc.)所做的產品安全認證。它主要是對各種設備、系統和材料進行安全性試驗和檢查。產品通過並取得 UL 認證是進入北美市場的入場券。總體來說，UL 標準可以分為：對產品結構的要求、對產品使用的原材料的要求、對產品使用的元器件的要求、對測試儀器和測試方法的要求、對產品標誌和說明書的要求等。現在 UL 認證已成為全球最嚴格的認證之一。

2.　歐盟認證：CE 認證：

　　CE 認證標誌是一種安全認證標誌，被視為製造商打開並進入歐洲市場的護照。凡是貼有 "CE" 標誌的產品就可在歐盟各成員國內銷售，無須符合每個成員國的要求，從而實現了商品在歐盟成員國範圍內的自由流通。在歐盟市場"CE"標誌屬強制性認證標誌，要想在歐盟市場上自由流通，就必須加貼"CE"標誌，以表明產品符合歐盟《技術協調與標準化新方法》指令的基本要求。

3. 中國認證：CCC 認證：

3C 認證標誌的名稱為"中國強制認證"（英文名稱為"China Compulsory Certification"，英文縮寫為"CCC"，也可簡稱為"3C"標誌。3C 認證標誌是產品准許其出廠銷售、進口和使用的證明標記，表明該產品的安全性、電磁兼容和電磁輻射符合國家規定的標準。凡是在中國市場上銷售且屬於強制性認證的產品，都必須被強制通過此一認證。

4. 國際認證：CB 認證：

CB 認證是 IECEE(國際電工委員會電工產品安全認證組織)制定的一種認證體系，它主要針對電線電纜、電器開關、家用電器等 14 類產品進行認證。擁有 CB 標誌意味著製造商的電子產品已經通過了 NCB(國際認證機構)的檢測，按試驗結果相互承認的原則，在 IECEECB 體系的成員國內，取得 CB 測試書後可以申請其他會員國的合格證書，並使用該國相應的認證合格標誌。CB 體系是 IECEE 建立的一套電工產品全球互認體系。企業利用從其中任一成員國的認證機構取得的 CB 測試證書，申請其他國家的認證時，則可以免於重複性測試，得到其他成員國認證機構的認可，由此取得進入該國市場的通行證。

除上述產品的標準認證之外，還包括中國 CQC 自願認證、德國萊茵技術監督公司(TUV)產品安全及質量認證、加拿大標準協會(CSA)產品安全認證、美國聯邦通信委員會(FCC)電磁干擾的標準認證等一些或可需要的認證標準。

以上 LED 相關認證包含有光學部分、電特性部分、結構部分以及其他信賴度部分，如果是特殊用途的燈具更將符合其他相關法規，如車燈、警示燈等等。因此一完整的 LED 產品欲銷售於國際，必須通過各式測試。而台灣中小型企業林立，如果研發階段就要將各式開發產品送標準實驗室檢測，則會有成本過高無法負荷的問題。本章將介紹多功能 LED 量測系統，針對部分重要的 LED 特性來進行開發階段的量測，讓研發人員能夠直接將 LED 燈具開發至可通過所需驗證的項目，最後僅需付費送驗取得證書，不致於耗費過多研發時的檢測驗證成本。本章內容包括了光特性量測模組，接面溫度量測模組，光形與光強度量測模組，陣列量測模組，及光衰量測模組等。

9-2　光特性量測模組

在此光特性是指光源發光之品質與規格。例如波長分布能夠得到主波長、演色性、飽和度、色溫等資訊；波長強度關係可以得到光通量等資訊。以上這些物理量都和人眼能感受到的照明息息相關。相較於傳統光源，LED 具有更廣泛的光特性變化程度，因此如何將 LED 產品的光特性正確量測，以提供後續使用者的運用是相當重要的。光特性量測模組主要量測以下項目：

1.　光功率(power)：光源所發出單位時間內的光能量。

2.　視覺強度(approximate response of the human eye)：將光源發　出的光　。

3.　波長功率(power over a wavelength band)：頻譜波段內的光功率。

4.　色彩(color)：依照人眼的反應將波長功率色彩化，可視為多數人將對該光源的色彩反應　。

9-2-1　積分球系統

目前普遍採用積分球系統量測上述光特性，積分球系統的組成大致上可分成為以下幾個模組：

1.　積分球：

為量測光源的主要架構，內部為一球體，球體周邊塗布高均勻漫射的塗層，目的是將光源的光能量平均分布於球內面上，並將感測器入口(或光纖端面)置於其內球面上,則因能量均勻分布於球面上,因此偵測器感側到的光能量會與整體光能量為一定比例,因建立了積分球量測將可得到光源整體光能量特性的原理。以下是輻射能量在積分球內的表達:

$$dF_{d1-d2} = \frac{\cos\theta_1 \cos\theta_2}{\pi S^2} dA \tag{9-1}$$

dF_{d1-d2} 即光線能量脫離 d_{A1} 與到達 d_{A2} 的比值,又可稱為交換比例 (exchange factor)。其中 θ_1, θ_2 是光線的與該面的法線夾角。

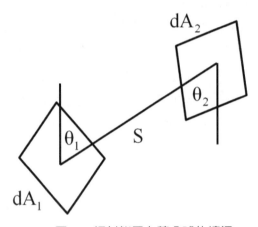

圖 9.1 輻射能量在積分球的情況

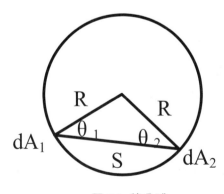

圖 9.2 積分球

$$F_{d1-d2} = \frac{1}{4\pi R^2} \int_{A2} dA_2 = \frac{A_2}{4\pi R^2}$$

$$F_{1-2} = \frac{A_2}{4\pi R^2} = \frac{A_2}{A_s}$$

$$(9\text{-}2)$$

以上 A_s 為整個球內面積；由以上可得出結論為 A_2 所接收到的輻射通量和全部輻射通量與 A_2 與整個球內面積的比是相同的。

積分球有多種使用方法，依照這些使用方法也需採用適當結構的積分球。以下舉兩例說明。第一種使用方法是將光源置入積分球中再進行量測。因光源在積分球內，所以不用擔心會有光能量沒進入積分球而損失，適合發光角度大的燈具，例如白熾燈泡等。第二種使用方法是將光源出光處正對積分球入光孔。這種方法的好處是光源本體在積分球外，不會吸收本身發出來的光，也讓量測不受光源本身的吸收影響，然而由於光源發光完全由積分球的入光口進入，因此發光面積太大或者發光角度太大的光源並不適合用此法量測。

2.　分光儀：

接於積分球內表面，或由光纖將光能量自積分球內表面引導出來，連結到分光儀。其作用是依照頻譜分光，並量測各波長的光能量。一般為了量測速度考量，採用感測器為 CCD 的分光儀，光進入該設備後被光柵(grating)或稜鏡依照光的波長分光照射在不同的位置，而由 CCD 分別在不同位置感光，就能得到不同波長的光能量強度。

3.　電腦控制模組：

使用電腦自動化控制量測過程，包含供應光源電壓電流，等待光源穩定，操作分光儀感測，擷取資料，分析與演算資料並且產出報表等功能。

圖 9.3　Labsphere 積分球系統

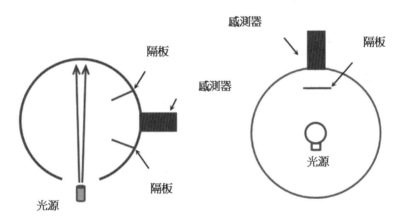

圖 9.4　不同的積分球結構與使用方式

　　目前全球較大的積分球供應商有德國 IS 與美國 Labsphere 等等。光特性量測目的在於分別進行燈具以及 LED 封裝體的量測。積分球內有光纖將光源發出的光導引到外部的光譜儀，藉由光譜儀量測每個波長的強度，再藉由校正資料換算出待測物的光通量等物理量。

4.　可追溯性：

所有校準輻射計系統接受光源校準，而不是利用檢測器來校準。由於輻射計測量的光源的輸出，它由一個類似的已知的標準光源來校準。測量球燈與已知標準光源，必須要具有可追著要能追性，意味著要能追溯到國家等級實驗室的標準，例如美國國家標準與技術研究所(NIST)等。光譜部分的校準需追溯到透過雷射光測量與雷射種類應發出的波長。

9-2-2　光特性量測

光特性量測模組最後能夠產出的量測結果包括輻射能量通量，光通量，演色性，色溫與色純度等，分述如下：

1.　輻射能量通量(SI 單位：watt)：描述輻射能量對於封閉曲面的通量。

2.　光通量(SI 單位：lumen)：將輻射能量通量，依據各種波長被人眼感受到的強度為權重調整後得到，其可被理解為光源發出光的總亮度。

電學中有電通量概念，磁學中有磁通量概念，光學中不僅有光通量概念，還有輻射通量概念。輻射通量雖然是一個反映光輻射強弱程度的客觀物理量，但是，它並不能完整地反映出由光能量所引起的人們的主觀感覺——視覺的強度(即明亮程度)。因為人的眼睛對於不同波長的光波具有不同的敏感度，不同波長的數量不相等的輻射通量可能引起相等的視覺強度，而相等的輻射通量的不同波長的光，卻不能引起相同的視覺強度。例如，一個紅色光源和一個綠色光源，若它們的輻射通量相同，則綠色光看上去要比紅色光光亮些。具體是人眼對黃綠光最敏感，對紅光和紫光較不敏感，而對紅外光和紫外光，則無視覺反應。關於這方面知識的詳細研究要引出一個視見函數概念。視見函數表示人眼對光的敏感程度隨波長變化的關係。光度學上，把輻射通量與相應的視見函數的乘積稱作為“光通量”。因為人眼對波長為 550 nm 的“綠色光”最敏感，故常把它作為標準，並把這個波長的視見函數定為 1。這樣，對於“綠色光”而言，其輻射通量就等於光通量。而其他波長的視見函數都小於 1，光通量也就小於相應的輻射通量。光通量也有功率，但其常用的單位是“流明”。流明和瓦特有著一定的對應關係(或稱光功當量)，經實驗測定：當光波長為 555 nm 時，1 瓦特相當於 683 流明，當光波長為 600 nm 時，1 瓦特相當於 391 流明。由此可見，同樣發出 1 流明的光通量，波長為 600 nm 所需的輻射通量約為波長為 555 nm 光的 1.75 倍左右。

　　因此儘管光通量與輻射通量的近似，但是輻射通量是一個輻射度學概念，是一個描述光源輻射強弱程度的客觀物理量。而光通量是一個光度學概念，是一個屬於把輻射通量與人眼的視覺特性聯繫起來評價的主觀物理量。或者可以說，光通量是按照光對人眼所激起的明亮感覺程度所估計的輻射通量。所以光通量與輻射通量是兩個不同的光學概念，絕對不能混為一談。

1.　演色性(color rendering index, 無單位)：

　　依據光源發出來的光依照各波長的能量根據電腦分析後得到的數值。這個數值最主要是代表了這個光源的光線照射在物體後反射到人眼可以反應出多少比例的真實顏色。由於人類視覺演化幾乎都是以太陽光照射在物體表面上反射入人眼為主，因此科學家將太陽光的演色性定為 100，如果照射在物體上反射的光譜比例越接近太陽光的光源，則其演色性就越高。在這裡所謂光譜比例越接近太陽光，是以人眼的反應為基準，因此傳統在測試上是拿 8 張或 13 張色卡讓人眼與標準光源比對後，統計分數而得知，然而這樣的作法十分主觀，受測者的身體狀況可能會影響到測試結果，因此利用光特性量測系統可以大多數人的感受統計後得到的資料庫來分析，得到更為有意義的數值。

2.　色溫(color temperature, 單位:k)：

　　通常色溫會用在白光光源，可以非常迅速給人該光源的白光是何種白光。由於白光是各色光混合而成，因此其於色座標中範圍相當大，因此稱之為白光常常還是讓人不知道確切的顏色。而黑體輻射曲線是描述黑體於各種溫度下所輻射出來的頻譜強度，而該曲線通過色度座標中白光的區域，因此就以該曲線來區份白光的種類，並稱之為色溫。

3.　色純度(purity, 無單位)：

色純度又稱為飽和度，是指若將單波長光的顏色定為 100 分，則該待測光源從標準白光到該單波長光佔了多少比例。色純度越高的光其越接近單波長光的顏色。色座標(chromaticity)：代表顏色最佳的表達方式就是色座標，該座標幾乎將人眼能辨識的顏色都放到二維座標上，並以座標方式指出各種顏色的方法。CIE 色座標圖如圖 9.5 是把顏色分為 X 座標以及 Y 座標的光線分布，用來定義光線的顏色以及計算的方法。這樣的表示法可以很容易計算不同色光的混光所得出來的結果。

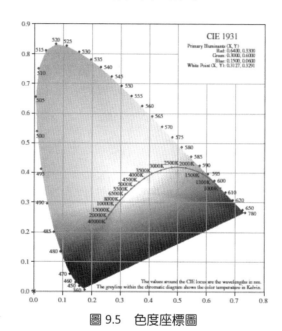

圖 9.5　色度座標圖

資料來源：工業材料雜誌

9-3　接面溫度量測模組

LED 的 pn 接面(junction)溫度對其性能與壽命而言是相當重要的參數。由圖 9.6 可知各種顏色 LED 其接面溫度(junction temperature,Tj)在同樣電功率損耗的情況下，不同接面溫度所造成不同的發光強度及壽命。

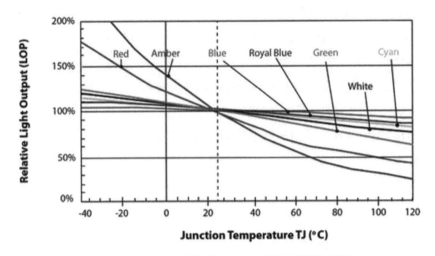

圖 9.6　接面溫度對於各種 LED 的發光強度影響

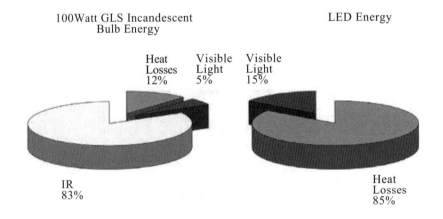

圖 9.7　LED 與白熾燈能量分配比較

　　LED 在使用時雖然強調節能，比起傳統白熾燈而言同樣電力可以多出 3 倍的發光效率，如圖 9.7 所示，但是由於 LED 晶片結構材料對高溫的耐受性較差，因此適當的散熱對 LED 而言是必要的。

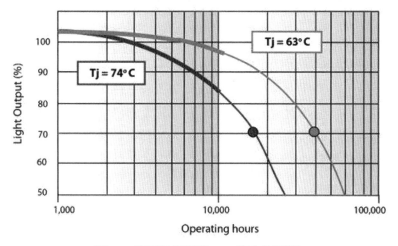

圖 9.8 接面溫度對於 LED 壽命的影響

　　LED 操作時主要的熱源就是晶片中的 pn 接面處,當電子電洞對複合時所放出的聲子就會在該處產生熱,進而造成溫度上升,造成更多能階上的缺陷,致使性能與壽命的下降,如圖 9.8 所示。因此散熱的目的在於降低接面的溫度。LED 燈具的散熱路徑可能為由晶片、封裝體、MCPCB、燈具本體、至空氣,因此如何降低路徑中的熱阻,即是散熱設計的課題。然而要證明散熱設計是否堪用,最正確的方法就是檢視 LED 的接面溫度。

　　LED 的接面一般而言被封裝起來,並且安置在燈具本體中,因此難以用傳統方式去探測;目前採取間接的量測方法,乃基於接面溫度會隨著發光強度、光譜或順向偏壓改變,因此只要量測發光強度、光譜或順向偏壓就可以反推回正確的接面溫度。其中又以順向偏壓的量測方式最為準確與方便,因此成為目前接面溫度量測的主流,也是在這裡要介紹的方式。以電性來間接量測電流可分為以下步驟:

1.　LED 特性穩定:

　　LED 販售時部分公司並不會先行進行枯化點燈測試,因此剛使用時其在固定電流下電壓將隨著時間迅速降低(指 InGaN 材料的 LED,如白光、藍光等)，因此該不穩定的電性將造成無法精確地量取 LED 接面溫度。

2. 確認量測環境：

由於欲量測的接面溫度與整體散熱效率有很大的關聯，因此保持客觀的環境，降低干擾與不可控制的變因是必要的。例如：若要量測自然對流之情況底下的接面溫度，則必須要備妥足夠大的密閉空間並連結好電性線路，以提供量測時候的標準環境。否則只要稍有外部氣流經過 LED 則接面溫度將會大受影響。

3. 校正曲線量測：

將 LED 放置於一溫度控制平台或空間，接著控制溫度，待熱平衡後 LED 的接面必定也達到我們控制的溫度，此時提供 LED 一小電流脈衝，在不至於提昇 LED 接面溫度的情況下，量取該電流脈衝通過 LED 時的電壓值，則可得到該電流脈衝在對應的接面溫度下的電壓值。同時重複以上步驟，就可以得到該電流脈衝在各個不同接面溫度下的電壓值，並可提供該元件來做為量測接面溫度之用。

4. 接面溫度量測：

將待測 LED 放置在可控制的環境中，並通入操作電流使之接面昇溫，接著依照欲量測的時間點關閉操作電流並迅速給予校正時相同大小的電流脈衝，並讀取其電壓值。此時該電壓值就可以比對校正曲線中的電壓值，推算出接面溫度。

對於接面溫度設備的製作，其中最需講究的是電流的提供。因為整個量測過程之中需要提供大電流以及小電流脈衝兩種截然不同的特性電路，如何整合並精確產出電流將影響到量測結果。同時在上述關閉加熱電流後，LED 接面將很迅速地降溫，因此也需要在很快的速度下提供小電流脈衝來量測接面溫度。另外電壓量測也是需要相當精準，通常大約數個毫福特(mV)的電壓讀取差異就會造成攝氏 10 度左右的量測偏差。

量測接面溫度務必注意，如果是穩態量測一定需確保所使用的數據是，等待熱平衡之後取得的數據，並以此數據為主，而熱平衡的判斷也可以靠量測過程中不斷讀取接面溫度，視其是否已穩定達到熱平衡狀態。另一方面讀取暫態接面溫度時，也須注意量測間隔不可過近，否則經由操作電流加熱的接面溫度將會有所偏差。

9-4 光形光強度量測模組

任何燈具如果要達到較佳的照明效果，必須先知道其光形分布(light distribution pattern)。光形分布簡單地說就是燈具在空間角度上所發出的光強度分佈。一般依照應用會有不同的光形需求，例如路燈會需要沿著道路有較狹長形的照明分布；精密手工產業所使用的燈具常是聚光式的光形，讓作業人員能夠精準地操作；倉庫中的走道燈通常會具有較發散的光形，讓人能夠一眼看見空間中的所有東西。LED 的光經過晶片內的多層量子井區發出後，經過晶片、光學膠、封裝體透鏡(一次光學)、燈具反射面與透鏡(二次光學)之後抵達被照明的空間，因此在燈具設計時需要以販售的標的來進行光學設計，藉由控制上述部分來達到需要的光形分布。

在設計完成後進入生產階段時，從進料到出貨都需要再進行檢驗，確保設計沒有無法容忍的偏差。在這裡介紹的檢測設備就是為了這個目的而設計，因此需要從大約 20mm 左右大小的 LED 到 400mm 左右大小的燈具都要能夠量測，同時光強度的量測範圍也須從 1cd(燭光)到 20000cd。故開發設備如下述：

1. 待測樣品夾持座：

由於待測樣品形式差異頗大，並且量測時須配合旋轉，因此樣品的夾持需考慮其穩固性以及通用性。另外在定位上也是需要特別設計，例如使用氦氖雷射發出的紅光當做定位的基準，對正待測樣品的機械軸心以及空間座標的定位，以免量測結果不準確。

2.　遮光套筒：

　　整個測試過程雖然在暗房中進行，但是燈具發光依然會有部分反射或漫射光進入偵測器的可能性，尤其是在量測光強度較弱的部份，常會因為訊雜比過低造成錯誤，因此設計一遮光套筒，在光線進入偵測器前，經過兩個針孔，針孔直徑與偵測器的感測區相當。如此可以大幅度遮蔽檢測光軸外的雜散光，以提供更準確的量測。

3.　偵測器：

　　由於待測光源的發光色彩都是白光，因此使用了較為精確的光學量測用照度計作為檢測用。然而量得的數值為照度，需要將該數值依據待測物的距離轉換為光強度。再者因為要量測的光強度範圍很大，所以另外又配備有光學衰減片，讓不同光強度下都能夠檢測。

　　在完成以上的安裝與設計之後，再以電腦控制整個量測過程使其自動化，在轉動樣品到各個角度的過程中，逐一讀取照度值並且轉換為光強度，最後再以路照圖、光強度分布輻射圖，光強度分布直角座標圖等方式直覺地呈現出來。

9-5　陣列量測模組

　　前面敘述到以旋轉燈具的方式進行空間各角度的光強度分布量測，基本上是針對比較遠距離的光度量測。然而在近距離下，LED 不能被視為點光源，同時也因為有許多 LED 目的是增加平面的照度，例如檯燈工作燈等等，因此檢測平面光照度分布是相當重要的議題。在多功能 LED 燈具量測系統中建置了一陣列量測模組，讓光偵測器在與光源有一定距離的平面上移動，並做陣列式的量測。該模組具有以下項目：

1.　LED 固定平台：

　　將 LED 固定於定點，並控制與偵測器的相對位置，以期待可以進行正確的數據讀取。在 LED 固定的過程中需注意光軸與機械軸的重疊，讓量測出來的數據不會有太大的偏差。

2. 光偵測器移動平台：

由於要量測陣列照度，因此需要一個能帶動光偵測器移動的平台，這個平台需要維持光偵測器的偵測面與平台的法線方向相同，藉此量測這個平面的陣列照度。

3. 電腦控制系統：

自手動將待測物品架設好後，就以電腦做全自動的量測，因此電腦系統需要能接收照度計的感測訊號，又需要能控制光偵測器移動平台的移動，達到正確的量測點。

因此整體架構由上述次模組組成。在進行量測時架設 LED 燈具需考量光軸以及機械軸的對正，再開始進行量測。由於量測時可以任意擺放偵測器平面與光源的距離，但是放置完成後需要確認距離，以記錄於電腦中，成為將來參考依據。假設一個設計預計將用於 50 公分照射平面的燈具，在量測時也必須將偵測器平面固定於 50 公分，以精確得知消費者在使用燈具時候能夠獲得的照度分布。另外在量測過程中，因為 LED 光源的光將會以各種不同角度入射照度計，因此無法使用遮光套筒來避免雜散光進入照度計，所以在陣列量測模組的設計上需要盡量將 LED 光源以及偵測器的周邊機構或電子線路等物品淨空或往外部設計，避免 LED 光源直接照射造成過大的雜散光而影響到量測的結果。

另一方面，在進行陣列量測時，也可依照公定或廠定的規格進行之，例如日本日產汽車(Nissan)在定義車內燈的照度均勻度時就是以固定距離下，9 點量測的照度值計算之，遇到這樣的情況也可以直接將待測陣列點設定為規格所需的位置，以節省量測時間。

9-6 光衰量測模組

LED 在操作過程中，各部件會因為各種原因老化造成發光效率降低，例如發出光子的多重量子井層，會因為溫度上升與電子電洞的流動造成晶格被破壞而出現缺陷能階，這些能階在電子躍遷時會發出聲子而非光子，進而造成發光效率下降；另外部分封裝時採用的光學膠材料是環氧樹脂(epoxy)，遇到 LED 發出來較短波長的光會漸漸老化，造成透光率的下降。因此 LED 經過一段時間操作後勢必會造成發光強度下降，又稱之為光衰。

LED 的壽命相當長，如果要量測到 70%~50%的光衰，可能會需要上萬個小時來進行量測，相當不符合效益，若需在幾天之內量測出微小的變化，則需要有精確的環境來確保量測的數值沒有偏差。

原理上我們將待測燈具通電點亮後，經過照度計讀取照度值，隨著時間紀錄下來，最後可分析出未來光衰的趨勢。然而實際上在量測時，會有相當多的細節值得注意。

1. 環境溫度濕度：

由於光衰隨著溫度的影響相當大，因此如果溫度控制有偏差則結果也不容易準確，溫度偏高會讓 LED 光衰加劇，相反地溫度偏低也會低估了光衰程度。而濕度的條件測試可能對材料的老化會有影響，同時也影響了光衰的速度。

2. 供電系統的影響：

在光衰測試之前就應設定好欲測試的範圍規模，如果只是要測 LED 光源的光衰，則應該直接以穩定的電源提供 LED 發光的電力，例如直接接上電源供應器等穩定的設備，避免因為電路穩定度差而量測到非 LED 本身上造成的光衰。

3. 偵測設備的影響：

由於光衰的量測是監視 LED 照度的連續量測行為，因此偵測設備的穩定性與 LED 可說是一樣地重要。要維持偵測設備的穩定性，除了挑選適當的設備之外，另外在環境溫溼度的控制上也是相當重要。其他會影響的因素必須詳細閱讀說明書上的指示並且盡量去控制。

4.　偵測器與光源的相對位置：

由於要偵測 LED 發光能力在時間上的變化，因此將 LED 所發出的光照射偵測設備。然而 LED 的光在空間上會有變化，因此如果讓 LED 與偵測器的位置偏移，則量測到的變化量將無可判斷是空間上或是時間上的變化，導致整個測試無效。因此如何在量測過程中維持沒有震動等因素造成偵測器與 LED 相對位置角度的改變，也是需要考量的地方。目前適當的光衰量測系統設計，則是將燈具擺設於恆溫箱內，控制在恆定的溫度與自然對流下，藉由外部電源供應器來供電。同時藉由光纖將要偵測的光引導到照度計，以避免恆溫箱的溫度讓照度計有所偏差。在架設好量測系統之後，由電腦程式控制電源供應器來點亮 LED，並且將照度計擷取的數據存在電腦中，重複於固定時間取得照度值。最後經過分析運算就可以得知所設定時間的光衰程度以及趨勢，接著可套入各家 LED 光衰模型中，來預期該 LED 正確的壽命。

最後再利用報表列印出 LED 測試的條件以及分析後的結果成為報表，完成整體光衰量測。

9-7　結論

本章節中所提到的量測項目，其原則不外乎就是人眼對 LED 的感受，例如光功率、視覺強度、波長功率、色彩等等。但 LED 本身的物理特性如溫度對 LED 的性能、壽命及供電系統的影響等則是

需要再以量測掌握，才能更完整的評估其性能。若能運用量測結果在人眼的感受與 LED 的物理特性中取得適當的平衡，便能製造出同時符合人眼感受與 LED 物理特性兩者兼具的產品。現今的量測設備日新月異、技術進步相當快，因此依照本章節所敘述的幾項原則，未來遇到 LED 相關的量測時，就能正確地評估購買或自製出具水準的設備。

習題

1. 何謂光功率、光強、視覺強度、波長功率、色彩?以上項目可用何種量測?

2. 何謂輻射能量通量、光通量、演色性、色溫、色純度?

3. 一組內徑為一公尺的理想積分球,其中放置一個輻射能量通量為 20 瓦 (watt)的待測燈具,而量測部分為一直徑 5 公分的圓孔,試問從該圓孔可量測到的功率有多大?

參考文獻

1. Mingsheng Xu,Organic, "Light-Emitting Diodes: Interfacial properties", Degradation mechanisms, 2009

2. Osamu Ueda, "Reliability and Degradation of III-V Optical Devices", Artech House, 1996

3. 史光國,半導體發光二極體及固體照明科,全華圖書,2010

4. Labsphere , www.Labsphere.com

第十章　積層製造

工業技術研究院　南分院　**莊傳勝　林敬智**

　　積層製造(Additive Manufacturing，AM)技術，早期此製造技術的統稱為快速原型(Rapid Prototyping，RP)技術與快速製造(Rapid Manufacturing，RM)技術，為嶄新的先進製造技術，對於積層製造技術的研究始於 1970 年代，但是直到 1980 年代末才逐漸出現了成熟的製造設備。美國 3M 公司的 Alan J. Herbert(1978 年)、日本名古屋市工業研究所的小玉秀男(1980 年)、美國 UVP 公司的 Charles W. Hull(1982 年)、日本大阪工業技術研究所的丸穀洋二(1993 年)，各自獨立地提出了快速成型的技術設想，實現的材料和方式有差異，但均以多層疊加產生固化方式來形成實體成品。在 1986 年，Charles W. Hull 在美國獲得了光固化立體造型設備(SLA)的專利，標誌著快速成型技術即開始進入實用階段，在設計領域及汽車工業上有廣泛應用，2009 年 12 月由美國材料試驗協會(American Society for Testing and M-aterials，ASTM)，正名統稱為積層製造，並成立技術委員會訂定其相關標準。

　　積層製造不同於傳統減料加工法，採用逐層堆積製造之加法式製造方法，可縮短複雜工件之製作工期，免除多道製程以及轉換加工機所需的時間，使製造方式進入批量客製化的領域，大幅提升製造效率，能夠克服傳統加工方式所遭遇的製造問題，其優勢包括：製造快速化、技術高度整合化、自由成型、製造過程高度彈性化、可選材料的廣泛性、廣泛的應用領域，與突出的技術經濟效益等。此外，符合綠色製造，粉體材料可完全回收避免浪費，無需使用刀具與切削液，具環保與節能之特性，廣受好評。

積層製造之定義為藉助計算機、雷射、精密傳動和數控等現代方法,將電腦輔助設計(CAD)和電腦輔助製造(CAM)整合於一體,依據在計算機上構造的三維模型,在短時間內直接製造產品的樣品,而無需傳統的機械加工機床和模具的技術。技術緣起於 1970 年代,發展至今延伸出光固化立體造型(SLA)、選擇性雷射燒結/熔融(SLS/SLM)、三維印刷(3DP)、薄材疊層製造(LOM)與熔融沉積成型(FDM)...等基本製程技術,主要用以製造符合 3F 原則成品,形狀(Form)與設計一致、尺寸符合公差適合度(Fit)、成品達使用功能(Function);依據國際研究暨顧問機構 Gartner 所公布的《2012 年新興技術發展週期-2012 Hype Cycle for Emerging Technologies》,積層製造技術被預測五年後可望從利基市場發展為成熟技術,未來十年內將逐漸影響全球製造業的運作方式,促成現有商業模式的改變。由此可知見,積層製造在全球競爭中具特殊戰略地位,先進國家無不極力投入發展,以改善現行製造業環境與強化國際競爭優勢。下列分別詳述基本製程技術,STL 點雲檔案及實例。

10-1　製程技術

美國於 2009 年由 ASTM(American Society for Testing and Materials:美國材料試驗協會)將過去稱為:快速原型(RP,Rapid Prototyping)/快速製造(RM,Rapid Manufacturing)/3DP(3D Printer)等說法,正名稱為積層製造(Additive Manufacturing, AM),並成立技術委員會訂定其相關標準。ASTM 綜合研究學者將積層製造分成七大類型,如表格 1 所示,包含:光聚合固化技術(Vat Photopolymerization)、材料噴塗成型技術(Material Jetting)、黏著劑噴塗成型技術(Binder Jetting)、材料擠製成型技術(Material Extrusion)、粉床式成型技術(Powder Bed Fusion)、疊層製造成型技術(Sheet Lamination 與指向性能量沉積技術(Directed Energy Deposition)。每項技術都對應不同的材料與應用市場,目前不約而同的發展目標都鎖定,供應多元的材料、加速製造效率、提升幾何精度與表面粗糙度、強化材料機械性質，以及降低設備與材料成本等議題。

表 10.1 積層製造七大類型

製程	材料	市場
光聚合固化技術 Vat Photopolymerization	Photopolymers	Prototyping
材料噴塗成型技術 Material Jetting	Polymers, Waxes	Prototyping Casting Pattern
黏著劑噴塗成型技術 Binder Jetting	Polymers, Metals, Foundry Sand	Prototyping Casting Molds Direct Part
材料擠製成型技術 Material Extrusion	Polymers	Prototyping
粉床式成型技術 Powder Bed Fusion	Polymers, Metals	Prototyping Direct Part
疊層製造成型技術 Sheet Lamination	Paper, Metals	Prototyping Direct Part
指向性能量沉積技術 Directed Energy Deposition	Metals	Repair Direct Part

10-1-1 光聚合固化技術(Vat Photopolymerization)

利用 UV 雷射光掃瞄在光硬化樹脂上，以光敏樹脂的聚合反應為基礎，形成一層硬化層，沿著零件各分層截面輪廓，對液態樹脂進行逐點掃描，一層層的照射固化而形成三維實體形狀，成形的模型再除去支撐結構等後處理。如圖 10.1 所示。

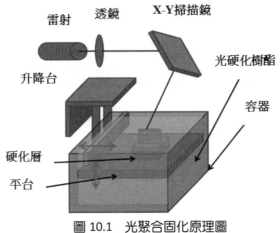

圖 10.1　光聚合固化原理圖

資料來源 CustomPartNet

10-1-2　材料噴塗成型技術 (Material Jetting)

　　同時使用光照射成型及噴嘴成型技術，運用噴墨印表機將特殊光聚合樹脂噴塗出每層之 2D 輪廓剖面，噴塗完成後機器內部有 UV 光源照射，使樹脂硬化，重複流程直到工件建構完成。如圖 10.2 所示。

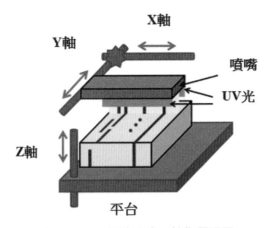

圖 10.2　材料噴塗成型技術原理圖

資料來源 Objet

10-1-3　黏著劑噴塗成型技術(Binder Jetting)

　　使用多噴嘴的印表機來回噴出黏結劑使粉末黏結在一起，完成一層之後平台下降一層的厚度重複直到工件加工完成。此技術不用將粉末材料熔融，而是通過噴嘴本身會噴出粘合劑，將這些材料黏合在一起。並可透過多色混料噴嘴完成彩色積層製造元件，如圖 10.3 所示。

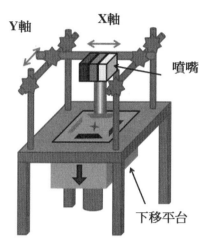

圖 10.3　黏著劑噴塗成型原理圖

資料來源 Vitgnia Tech

10-1-4　材料擠製成型技術(Material Extrusion)

　　透過加熱塑料線材溶化擠製成型的方法，運用絲狀材料熔覆的原理室，加熱噴頭在電腦的控制下，根據產品零件的截面輪廓資訊，作 X-Y-Z 空間運動。熱塑性絲狀材料由供絲機構送至噴頭，並在噴頭中加熱和溶化成半液態狀態，然後以移載平台帶動熱擠頭，將具流動性的 ABS 像是擠蛋糕的方式給擠製出來，快速冷卻後形成一層大約 0.1mm 厚的薄片輪廓，如此循環，最終形成三維產品零件。如圖 10.4 所示。

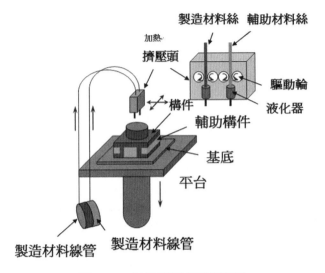

圖 10.4　材料擠製成型原理圖

資料來源 CustomPartNet

10-1-5　粉體熔化成型技術(Powder Bed Fusion)

　　以雷射為能量源,透過雷射光束使塑料、砂、陶瓷、金屬或其複合物的粉末均勻地燒結或熔融在加工平面上。在工作台上均勻鋪上一層很薄的粉末作為原料,雷射束在計算機的控制下,通過掃描器以一定的速度和能量密度按分層面的二維數據掃描。經過雷射束掃描後,相應位置的粉末就燒結或熔融成一定厚度的實體片層,未掃描的地方仍然保持粉末狀。這一層掃描完畢,隨後需要對下一層進行掃描。先根據物體截層厚度而升降工作台,鋪粉刮刀再次將粉末鋪平,可以開始新一層的掃描。如此反覆,直至掃描完所有層面。去掉多餘粉末,並經過打磨、烘乾等適當的後處理,即可獲得零件。現今雷射積層製造技術大多往選擇性雷射燒結 SLS 與選擇性雷射熔融 SLM 發展,SLM 由 SLS 延伸發展,兩者基本原理相同,在於SLM 利用雷射加熱使粉末達到熔點,將粉末完全熔化,產生近乎 100%的緻密度。如圖 10.5 所示。

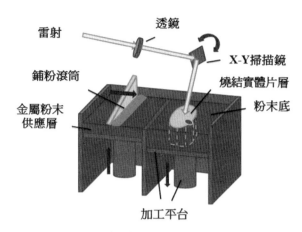

圖 10.5　粉體熔化成型技術原理圖

資料來源 CustomPartNet

10-1-6　疊層製造成型技術(Sheet Lamination)

　　薄材疊層製造，運用箔材疊層實體制作是根據三維 CAD 模型每一截面的輪廓線，在電腦控制下，發出控制雷射切割系統的指令，使切割頭作 X 和 Y 方向的移動。供料機構將底面塗有熱溶膠的箔材(如塗覆紙、塗覆陶瓷箔、金屬箔、塑料箔材)一片一片的送至工作台的上方。雷射切割系統按照電腦提取的橫截面輪廓用二氧化碳雷射($CO2$ Laser)，針對箔材沿輪廓線將工作台上的紙割出輪廓線，並將紙的無輪廓區切割成小碎片。

　　然後，由熱壓機構將一層層紙壓緊並粘合在一起。可升降工作台支撐正在成型的工件，並在每層成型之後，降低一個紙厚，以便送進、黏合和切割新的一層紙。最後形成由許多小廢料塊包圍的三維原型零件。然後取出，將多餘的廢料小塊剔除，最終整個零件模型製作完成。如圖 10.6 所示。

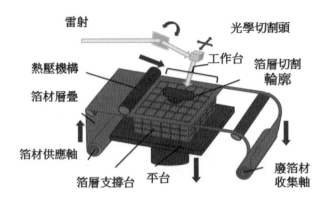

圖 10.6　疊層製造成型技術原理圖

資料來源 CustomPartNet

10-1-7　指向性能量沉積技術(Directed Energy Deposition)

　　結合高功率雷射聚焦以及粉體噴射供粉,在加工表面造成的溶池處進行填補,搭配多軸控制機器手臂,常用於零件或模具的修復。如圖 10.7 所示。

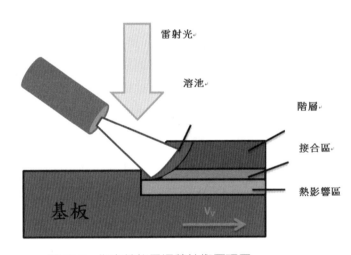

圖 10.7　指向性能量沉積技術原理圖

資料來源:Fraunhofer-Gesellschaft

10-1-8　STL 點雲檔案(Stereo Lithography Interface Specification)

　　STL 檔案標準是美國 3D System 公司於 1988 年制定的一個介面協議。本身具有格式簡單、容易處理、顯示速度快等優點，已被大多數積層製造成型機所接受，亦是目前積層製造最常見格式。

STL 文件有兩種類型：

二進制(BINARY)格式和文本(ASCII)格式。

1.　　ACSII 文件格式：使用字符串來描述三角形面的定義及其他訊息。該格式的文件佔用空間太大，但是 ACSII 文件格式可以閱讀並能直觀檢查。

2.　　二進制形式則更加精練，構成如下：題頭是由 84 個字節組成，其中前面 80 個字節用於表示有關文件、作者姓名和註釋訊息，最後 4 個字節表示小三角平面的數目。

STL 文件格式的規則：

1.　　共頂點規則：每一個小三角形平面必須與每個相鄰的小三角形平面共用兩個頂點，也就是說，一個小三角形平面的頂點不能落在相鄰的任何一個三角形平面的邊上。

2.　　取向規則：對於每一個小三角形平面，其法向量必須向外，3 個頂點連成的矢量方向按右手法則確定，而且，對於相鄰的小三角形平面，不能出現取向矛盾。

3.　　取值規則：每個小三角形平面的頂點坐標值必須是正數，零和負數是錯誤的。

4.　　充滿規則：在三維模型的所有表面上，必須佈滿小三角形平面，不得有任何遺漏。

STL 文件格式的缺陷：

CAD 和 STL 格式本身的問題，以及轉換過程造成的問題，所產生的

STL 格式文件難免有少量的缺陷。

1. 出現違反共頂點規則的三角形。

2. 出現錯誤的裂縫或孔洞。違反充滿規則。此時,應在這些裂縫或孔洞中增補若干小三角形平面,從而消除錯誤。

3. 三角形過多或過少。轉換精度選擇不當,應適當調整 STL 格式的轉換精度。

4. 微小特徵遺漏而出錯。當三維 CAD 模型上有非常小的特徵結構(如很窄的縫隙、肋條或很小的凸起等)時,可能難於在其上布置足夠數目的三角形,致使這些特徵結構遺漏或形狀出錯,或者在後續的切片處理時出現錯誤、混亂。

STL 文件的切層:

讀入 STL 數據,然後將所有平行於 X-Y 平面的小三角面挑出來作為表層,比如零件的底面或頂部。所有剩下的小三角面都用來計算是否與 z0+nΔz 相交,其中 z0 為模型的最底層的 z 面,為 Δz 切片層厚度,n 為層數。如果相交,小三角面與切片平面可得到輪廓線文件。

10-1-9 積層製造市場與廠商資訊

由 Wohlers Report 2013 資料得知[5],截至 2012 年底統計,2012 整年全球積層製造產品與服務的產值達 22 億美元,比 2011 年成長 28.6%,其中的 28.3%為終端產品的產值,這些並不包含模具、原型品及次零件。2012 年積層製造系統的裝機分布以美國佔 38%做多,其次是日本的 9.7%與德國的 9.4%,中國大陸也有 8.7%。這些系統包含個人化小型系統與專業級設備,而在專業級設備製造銷售廠商 30 家中 16 家在歐洲,7 家在中國大陸,5 家在美國,2 家在日本。近幾年的年複合成長率維持在 25~30%之間,在未來數年仍將維持兩位數的成長,到 2015 年產品與服務估計將可達到 37 億美元,而到 2019 年預估可以成長到 65 億美元。

近年積層製造技術,隨著雷射光學技術與材料科學的突破,紛紛投入以雷射為主的積層製造技術研究，因製作產品需求要滿足緻密度與強度，突破過去僅原型展示之用途，成品需直接使用應用領域廣泛，目前產業與學界多朝向選擇性雷射燒結(SLS)與選擇性雷射熔融(SLM)進行研究與發展，目前已有許多廠商推出商業機台，包含 EOS Gmbh、Concept Laser Gmbh、Phenix Systems、ReaLizer Gmbh、SLM Solutions Gmbh、Renishaw PLC 與 3D Systems Corporation。雷射積層製造的優勢為可達成傳統加工無法製作之複雜形狀，可廣泛應用在工業模具、建築模型、時尚造型、珠寶模具、裝置藝術與醫療器材...等領域。下列章節將針對積層製造專用金屬材料、成形特性、實務案例與設計考量詳細介紹。

10-2　金屬材料

　　目前積層製造的材料的開發應用，主要可以分為金屬、金屬合金、陶瓷、塑化材料、生醫高分子材料等，應用領域相當廣泛，於工業、航太、生醫等，都針對不同的需求，調配不同的粉體材料，例如工業以金屬、金屬合金或塑化材料的快速成型為主要重點；航太應用以鈦金屬或鈦合金為研究目標，特別重視機械強度；生醫領域則以純鈦、陶瓷或可降解高分子材料(degradable biomaterial)等無人體危害之材料為主。各家廠商的粉體材料配方和燒結參數為重要商業機密，未來開發技術時需審慎待之。積層製造特色在於達成「設計個人化 浪費極小化」，具備客製化、節能、迅速、彈性及高價效比等優點。近年來隨著金屬材料多元發展，以及產品強度與精度提升，用途由原本展示用的塑膠原形品，進階為可直接運用的金屬功能零件。在牙科與外科手術中，常用來取代受損或提供外科植入材料相當多，以下介紹幾種常見之金屬材料：

1.　鈦與鈦合金：

　　鈦具有強度高，耐磨、耐腐蝕，機械性能良好等優點而被廣泛應用。由於鈦表面容易形成鈍化層，即使鈍化層被破壞，該鈍化層能立即形成，因此鈦具有極佳的耐受性和惰性。鈦鋁釩合金(ASTM F136、ASTM F1108

和 ASTM F1472)比純鈦(ASTM F67)具有較好的力學性能,更廣泛的用於全關節植入物。鈦網已成功地應用於脊柱融合術,口腔與顱面重建也使用鈦網三維支架。不過鈦鋁釩合金植入物的釩元素為有毒元素,為避免此問題,鈦合金合金元素也陸續被發展及測試,例如無毒性的鉭、鈮、鋯等。

2.　鉭:

鉭具有與人類骨頭相似之彈性模量,可減少應力遮蔽效應問題。鉭具有的獨特物理和機械性能,其高孔隙率(>80%)能促使骨頭長入,並有足夠強度能承載負載,因此能製作金屬替代部位與全膝關節置換術。

3.　鎂:

純鎂和鎂合金應用於外科有很大的潛力,具有完全的生物可吸收性,機械性質也與骨頭相近,不會造成發炎症或誘發其他反應,並有助於骨傳導、骨骼生長及細胞附著的作用。目前此材料有較新的生物醫學應用,例如冠狀動脈支架與鎂跟稀土元素形成合金應用於骨內固定器件。

4.　鎳鈦合金:

鎳鈦記憶合金具有形狀記憶效應(SME)、極佳的生物相容性、超塑性、高阻尼性能,彈性模量並與骨頭接近,鎳鈦合金的生物相容性及物理性質證明,可大量應用在骨科領域。然而部分研究指出,鎳鈦合金在人體溫度下可能有形變疑慮,且鎳合金釋放的鎳離子可能產生過敏和毒性。為了克服這個問題,運用正開發表面改質的方法來解決離子釋放的問題。

5.　鈷鉻合金:

鈷鉻合金最早用於植入材料,後來為了解決含鎳金屬所引起過敏問題,而研發出專門用於牙齒烤瓷修復用的鈷鉻合金,鈷鉻合金應用在牙科的優點在於患者口內不會出現合金變色的現象。鈷鉻合金具有很好的生物相容性,也不會與口腔唾液產生反應,對於牙齦不會產生刺激,對於使用患者無害。

10-3　積層製造燒結特性

選擇性雷射燒結/融熔技術(SLS/SLM)歸類於 AM 製程分類的 Powder Bed Fusion 技術，製程方法主要於機台上鋪上一層微米等級的粉體材料，將雷射光束以 X/Y 方向掃描振鏡(Galvo scanning mirror)模組控制到粉體上欲燒結的位置，搭配聚焦鏡，一般是 f-theta 透鏡組，使雷射光聚焦於粉體，粉體吸收雷射光後產生高溫熔融，使顆粒與顆粒之間相互連結，待完成一層的燒結後，再往上鋪一層粉體繼續執行掃描燒結。而藉由適當的控制雷射的開關機制，可以使欲燒結區域被燒結，「選擇性」即以此為命名。而選擇性雷射熔融成型 SLM 則與 SLS 技術方法上很類似，但差異在於使粉體完全熔化並形成一小型的熔區，使粉體重新鑄熔，屬於液態燒結，因此要掌握 SLS/SLM 的製程關鍵，就要從雷射照射於金屬粉體的點、線、面與體積成形的所有物理與化學的燒結機制進行研究。因此 SLM 相較於 SLS 是更有機會達到 100%緻密的技術，於工業和航太應用更具競爭潛力。

雷射積層製造技術中，所探討的機制為燒結/熔融理論，依據雷射與粉體之間能量的傳遞轉換，關鍵參數是材料對雷射波長的吸收率，如表 10.2 所示，根據文獻的資料顯示，若是粉體靶材，則因為粉體顆粒之間會有孔隙存在，所以反射的雷射光會於顆粒之間多次反射而被吸收，而雷射光反射進入粉體表層以下，幾乎無法再以反射離開粉體，因此雷射光入射粉體，除了表層反射的光之外，進入表層以下的雷射光可以視為黑體吸收。而根據文獻的整理，若顆粒尺寸為高斯分佈，雷射光可以傳遞的深度約為平均顆粒尺寸的 3 倍左右。

表格 10.2　Nd:YAG 和 CO2 雷射吸收率比較

材料	Nd:YAG 雷射	CO_2 雷射
	吸收率	吸收率
Cu	0.59	0.26
Fe	0.64	0.45
Sn	0.66	0.23
Ti	0.71	0.59
Pb	0.79	-
ZnO	0.02	0.94
Al_2O_3	0.02	0.96
SiO_2	0.04	0.96
CuO	0.11	0.76
SiC	0.78	0.66
WC	0.82	0.48
NaCl	0.17	0.60
PTFE	0.05	0.73
PMMA	0.06	0.75
EP	0.09	0.94

　　如圖 10.8 粉體燒結作用機制示，積層製造中燒結對粉體的作用機制，其中(a)所示，使熔化而彼此連結一起的情況，稱為固態燒結(solid-state sintering)，當雷射加熱粉體至熔點附近，但仍無法形成完全熔融態，則鄰近的顆粒會產生(b)之情況，顆粒與顆粒之間熔化連結的部分稱為頸縮(neck)，而多個顆粒會互相群集彼此連結，但也因為沒有完全熔化，所以會因為幾何關係造成孔洞結構(porosity)，需增加雷射功率與相關參數以降低孔隙尺寸和比例。

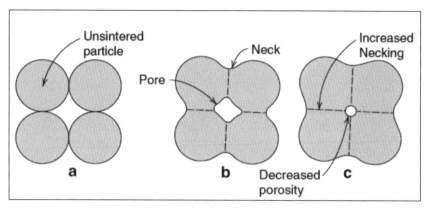

圖 10.8　粉體燒結作用機制

資料來源：工研院彙整

　　以鈦金屬在燒結過程中為例，鈦(Titanium, Ti)的物理特性，如表 10.3 所示，它的熔點高達 1668℃，是良好的耐火金屬材。商業等級的鈦，純度為 99.2%具有約為 430 MPa 的抗拉強度。不同的環境和溫度變化會產生不同的金相變化，，當鈦金屬溫度升高至熔點 1668℃ 然後回溫，會產生 β-phase 的結構，若溫度降至 913℃ 則會產生另一 α-phase 的結構；但是若降溫速率太快，超過 600℃/s，則達 860℃ 的臨界溫度會產生有別於 α-phase 的 α'-phase 結構，即麻田散鐵(martensite)的晶格結構，這樣的結構具有較高硬度和抗磨損的特性，但相對的延展性較低且較脆。選擇性雷射燒結為一快速升降溫的過程，容易產生這樣的晶格結構。

表 10.3　鈦金屬物理特性

特性	數值	單位
密度	4.506	$g \cdot cm^{-3}$
熔點	1668	$^{\circ}C$
沸點	3287	$^{\circ}C$
熔化熱	14.15	$kJ \cdot mol^{-1}$
汽化熱	425	$kJ \cdot mol^{-1}$
比熱容	25.060 @ 25 ℃	$J \cdot mol^{-1} \cdot K^{-1}$
電阻率	0.420 @ 20℃	$\mu\Omega \cdot m$
熱導率	21.9 @ 27℃	$W \cdot m^{-1} \cdot K^{-1}$
熱膨脹係數	8.6 @ 25℃	$\mu m \cdot m^{-1} \cdot K^{-1}$

10-4　積層製造實務案例

10-4-1　生醫實務

　　人體骨骼組織具有獨特的 3D 幾何形貌，以及複雜的組織內部結構，天然骨的特點是高韌性，高強度，低剛性，其複雜多孔組織提供修復或再生的細胞因子生長環境，這些皆為製作植體時必須考慮的重要性質，由於硬組織主要提供身體的穩定與支撐，而植體的目的為修復，替換或恢復硬組織具備的強度，其必須具有高強度、耐腐蝕、有良好的生物相容性，具有良好的耐磨性等條件。

　　骨組織工程目標在於修復骨缺損，針對無法使用常規方法治療或自體修復的對象，一般使用 3D 結構骨移植替代修補骨外傷造成的損失，以增加自體的自然再生能力，成功的生物組織工程需滿足三個基本要素：

1.　組織形成細胞和信號生物分子

2.　支架生物相容性利於正常細胞的功能

3. 可定量測量組織的再生的結果

理想的組織工程流程為從病人獲得成骨細胞，然後接種於支架或移植作為引導組織形成之結構。理想情況下，組織細胞取自病人可以接種於支架，並在體外生長，然後重新植回病人，並癒合的受損組織。

但於實際臨床應用上若修補範圍較大或需硬應組織的支撐功能時，其修復支架在承重面積不是暫時的，而是永久性的，因此必需維持支架的形狀、強度和生物過程的完整性，通過再生與修復損壞的骨組織。自體移植的製作時間較長、支撐強度較差以及無法配合形貌等問題，將造成醫療時間的延誤，因此利用金屬等植入物的需求增加，其植入物需要與周圍組織高度生物相容性，並針對骨缺損處建立其形貌，且不能產生過敏性、致癌性、分解毒素等要求，並需具有高強度，經過一段時間能保持它的體積和骨傳導，能支持其骨骼的生長，增加骨細胞再生之硬組織製造工程，如圖10.9 所示，利用雷射積層燒結製程製作客製化支架，加入生長因子進而植入體內增加其自體骨細胞增生速度。

圖 10.9　積層組織金屬植入物

資料來源：工研院彙整

目前雷射積層製造技術應用於生醫上，如圖 10.10 所示，主要可分為：

1. 缺陷修補：可客製化符合修補形貌，如頭蓋骨、顏面骨、整形醫療、口顎支架等。

2. 客製化製造：可批量製作客製化零組件，如齒冠、牙橋、人工牙根、助聽器零件、椎間盤等。

3. 關節替換：可輕量化及增加生物相容性，如肘關節、指關節、髖關節、膝關節、踝關節等。

4. 器械及輔具：可客製化符合醫生或患者手術週邊需求，如客製化手術器械與手術用導引板等。

口顎支架植入實例介紹，一位遭受之前傳統口顎支架感染的病人將接受此一新型口顎支架，醫生第一步對病人作完詳細診斷並拍下病人下顎骨CT 圖像，並建立其含有骨缺損的表面模型，此時可清楚看到其受感染的程度，利用軟體作術前的手術指導模擬，設計手術中欲切除之部位，並提供醫生預測手術中將面臨的挑戰，利用繪圖軟體設計其適合的口顎支架，其支架必須符合病人植入處之形貌，以及考慮結合固定的方式，利用積層快速製造將其植入物完成，並於塑料的模型上進行最後確認再植入病人體內，此一方式提高了手術預測的程度，以及簡短手術時程並使手術簡單化，將製造技術成功應用於實際需求上。

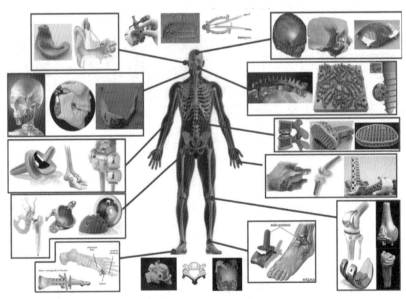

圖 10.10　客製化醫材應用

資料來源：工研院彙整

　　義齒牙冠實例介紹，義齒贋復包含牙冠、牙橋、嵌體、全口假齒等贋復體，市場趨勢由傳統模造技術，變革為數位化製造，技術相較於傳統模造技術免除多道製程，造時間縮短為一天內，提升製造效率，更可節省許多耗材費用，下列詳細介紹義齒積層製造之製程，如圖 10.11 所示：

1.　齒模掃瞄：透過牙醫師對患者進行口內數位印模、3D 斷層掃描或傳統印模掃瞄等方式取得數位檔案。

2.　齒形設計：牙技所取得數位檔案，專業牙技師透過電腦軟體，進行患者咬合狀態輔助模擬分析，勾勒出主溝線與形態。

3.　義齒製造：設計完成之數位檔案，傳輸至製造系統，此時可透過 CAM 齒雕機或積層製造系統，製作成形。

4.　精修/堆瓷：將製造完成之內冠取出，進行表面精修與堆瓷鍛燒。

5.　成品：將完成假牙成品牙醫師，進行患者假牙裝設。

　　積層製造系統，在於可大量客製化量產，提升製造效率，以德國 EOS 公司為例，該公司發表其積層製造設備，11 小時可完成 200 至 250 顆牙冠製造，如圖 10.11、圖 10.12 所示。美國與歐洲之先進國家，已發展結合數位齒模掃瞄、CAD 軟體與積層製造型態，從齒模掃描開始，運用數位檔案形式，後續透過傳輸、儲存進行義齒積層製造，能使製造方式進入大量客製化的領域，大幅提升製造效率。透過數位化掃瞄檔案可縮短製作工期，同時免除多道製程與減少耗材使用，此外，贋復義齒成品精度與密合度佳，減少重工率，提升牙醫師臨床成功診療率，廣受牙醫界好評。此外，義齒積層製造，隨著人工植牙盛行與保險理賠市場需求提升，逐漸成為主流，破除義齒產業具地域性之限制，透過電子履歷的數位檔案傳輸與國際快遞運送，可將業務推展到世界各地。

圖 10.11 義齒積層製造之製程

資料來源：工研院彙整

圖 10.12 積層製造之義齒成品

資料來源：Courtesy of EOS GmbH/工研院製作

10-4-2 模具實務

　　模具扮演產業升級的重要角色，台灣模具產業的製造能力有目共睹，但欲提升模具整體產業的競爭力，必須從設計、製造與服務三方面來著手。現行模具以傳統加工方式有許多限制，在模具設計分析上雖有專業冷卻水路最佳化的軟體，可模擬出最佳的流道設計與有效評估模具積熱問題。但在實際加工時受限於傳統加工的限制，無法按照模擬分析的最佳結果,在積熱處適當製作冷卻水路進行冷卻,造成水路無法冷卻到高深寬比以及位於角落的積熱區域,同時傳統式水路也較難完全浮貼著產品幾何外型分布。因此,以下將舉幾個案例,以雷射積層製造配合專業模流分析與3D 水路設計,克服傳統加工製造模具的問題,其異形水路能依照產品幾何外型而設計,使水路有效逸散熱源,降低熱點的發生,避免產品因積熱而導致的熱變形問題,同時也縮短成型所需週期與提升製作品質。

整合雷射積層製造與傳統加工製作,針對大量製造水杯的塑膠射出模仁,由德國 EOS、BKL Lasertechnik 與 Polymold 公司開發案例說明,藉由在模具內部設計符貼其形貌之異形水路後,可提高其冷卻效率縮短其脫模時間,但所製作的模具特徵包含結構單純的基座以及內含異形水路的部分,若整個模仁製作流程都採用積層製造技術製作,將拉長整個製作時程。因此最有效率的加工方法,便是整合積層製造技術與傳統加工技術,先以傳統加工技術將結構單純的基座完成,並預留積層製造可長出的平面,將此基座鎖附在積層製造的底板上,以一層一層雷射燒結的方式將內含異形水路的部分燒結在基座上,最後成形表面再以拋光後處理,此整合製作方式可減少製作成本

10-4-3 文創藝術實務

現行文創藝術種類眾多,透過積層製造方法可製作出許多特殊形貌與結構的藝術創作,圖 10.17 所示,實踐文創設計者的想法。圖 10.18 為立體相片之製作,先準備一般傳統加工的薄板金作為製作的底板,確實掌握鋪粉刮刀與薄板金的間隙,於板金上利用積層製造技術重複進行雷射燒結成形製作,完成後即可快速將已燒結成形的立體相片取出。運用此方法能節省積層製作的時間,且可配合亮面、髮線面、霧面甚至顏色不同之金屬板金製造不同的組合,且不需進行線切割或支撐材移除之後處理。

圖 10.17 特殊結構之產品

資料來源：工研院彙整

圖 10.18 金屬薄板上的藝術品

資料來源：工研院彙整

1. 立體證書

2012 年 7 月工研院頒發首屆院士證書給張忠謀先生等八位工研院院士，證書製作整合最新雷射技術所達成，過程先運用拋光之亮面不鏽鋼底板，於底板上用超快雷射加工技術，製造出表面微奈米結構炫彩圖案，再結合雷射積層製造技術可達成特殊曲面與複雜形貌之特色，將立體文字與 3D 中空桂冠邊框『長』出來，完成首創之 3D 立體證書，深具科技感，如圖 10.19 所示。

圖 10.19　立體證書

資料來源：工研院彙整

2.　蘭花意象

　　台南市具備完整的蘭花產業是蘭花的生產重鎮，被稱之為蘭花之城，市府透過行銷蘭花文化創意，同時達成行銷台南。聖霖創意公司之設計團隊，運用蘭花意象進行激盪設計，透過雷射積層製造完成蘭花濾茶器生活藝品製作，如圖 10.20 所示，展現具在地特色與創新概念的文創商品，為蘭花締造行銷魅力，帶動文創產業的質變與發展。

圖 10.20　蘭花濾茶器

資料來源：工研院彙整

10-5　積層製造設計考量

　　傳統產品設計開發採用製造導向，因此許多優質產品無法實際製造而被設計人員摒棄，但透過積層製造技術，將製造導向設計 (Manu-facturing-Driven Design) 提升至設計導向製造 (Design-Driven Manu-facturing)，滿足現今多變市場的設計需求。運用積層製造技術進行產品設計開發，使設計人員不在受限於傳統加工法之拘束，愈複雜結構與產品便是本技術發揮之處，但積層製造技術從設計到製造仍必須考量以下議題：

1.　適應性產品

　　盡可能應用於幾何形狀最複雜處，避免不必要的材料與時間浪費，設計出最經濟且有效率製造的產品，製造體積與層數為成本與時間的關鍵，因此積層製造產品的擺放方向，在橫躺製作與直立製作時，應避免讓產品朝向直立方向成長，以節省時間與避免變形扭曲。

2.　生成角度

在製造空間中設計放置位置與角度，必須遵守最小生成角度的限制，只要保持生成角度大於 35 度(依各種機型而有所差異)，即可以不用支撐材的配置。有關零件設計時必須考慮其生成的角度與粗糙關係，如圖 10.21 所示，小於 35 度的低角度往往使零件外觀較為粗糙，直角等陡峭的角度往往使其表面看起來較為平整，直角懸垂部分則有無法支撐造成表面生成無法控制的問題。

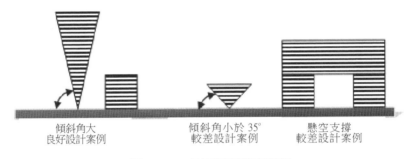

傾斜角大　　　　　　傾斜角小於 35°　　　　懸空支撐
良好設計案例　　　　較差設計案例　　　　　較差設計案例

圖 10.21　角度與粗糙度關係

資料來源：工研院彙整

3.　支撐材建立

製造過程必須建立支撐件，如圖 10.22 支撐件建立，目的避免產品製作時熱應力殘留造成變形，同時也可減少鋪料時導致成品偏移狀況。支撐材建立需靠經驗，太密集造成不易移除，太鬆散能無法承受熱變形。

圖 10.22　支撐件建立

資料來源：工研院彙整

10-6　結論

　　積層製造雖然已經發展約三十年，但在金屬雷射積層製造之產品生命週期，尚處於萌芽期，新技術新產品的成本與售價高，但逐漸擴大之市場需求與應用，吸引相關設備製造商與材料粉體開發業者的投入，預期設備與材料的成本將可逐步降低。許多雷射積層製造出來的金屬成品已實際運用於航太、汽車、醫材、模具與消費性產品上。積層製造不再只限於原型品製作，而能直接製造具功能性之零組件，這也是強調第三波工業革命的真正精義。雖然在實際廣泛運用上尚有許多待克服的問題，如需要更多的材料開發、複合材料的堆疊應用、尺寸精度提升、表面粗糙度改善、生產效率增加、製作成本降低、品質良率提升及大型物件製作等，未來的積層製造並非將取代傳統的減法加工，而是如何善用此二者特色，讓生產效率與複雜客製化取得最大平衡,預期產業將快速的邁入數位製造的下一個新紀元。

　　面對產業變革的新浪潮,無論是對產業改變或是製造方式變革,台灣在積層製造領域都不能缺席。目前雷射積層製造的進入門檻除了設備專利掌握在某些機構或公司上,創新思想是在每個人的頭腦之中,藉由創新發想可以將雷射積層製造擴大,在台灣傳統設備基數優勢之下,配合材料、軟體的開發,相信可以搭上全球在此一波的工業變革,為台灣經濟轉型推升到一個新的領域。

習題

1. 說明切層厚度與成品精度之關係。

2. 舉出三個傳統切削加工無法達成,而積層製造可達成之特點。

3. 積層製造七大類型中,哪幾種類型需使用雷射?

參考資料

1. 戴維倫、林得耀、莊傳勝、林敬智、黃光瑤、曾文鵬,雷射積層製造技術與生醫應用,機械工業雜誌 345 期,2011

2. 莊傳勝、林得耀、林敬智、戴維倫、曾文鵬,義齒先進數位化製造技術,

機械工業雜誌 347 期，2012

3. 林得耀、林敬智、莊傳勝、戴維倫、林士隆、曾文鵬、張隆武，雷射積層製造技術與傳統加工技術之整合，MM 機械技術雜誌 326 期，2012

4. 劉錦輝，選擇性激光燒結間接製造金屬零件研究，華中科技大學博士論文，2006

5. Terry Wohlers, "Wohlers Report 2011", Wohlers Associates , 2011

6. R. Glardon, N. Karapatis, and V. Romano," Influence of Nd:YAG Parameters on the Selective Laser Sintering of Metallic Powders", Manufacturing Technology, 2001

7. P. Fischer, V. Romano, H.P. Weber, N.P. Karapatis, E. Boillat, and R. Glardon, "Sintering of commercially pure titanium powder with a Nd:YAG laser source", Acta Materialia, 2003

8. Gibson, D. W. Rosen, and B. Stucker, "Additive Manufacturing Technologies", Rapid Prototyping to Direct Digital Manufacturing, 2010

9. Crespo, A. Deus, and R. Vilar, "Finite Element Analysis of Laser Powder Deposition of Titanium", ICALEO conf, 2005

索 引

五南圖書出版股份有限公司
博雅文庫
推薦閱讀

五南文化事業

RE18
數字人：斐波那契的兔子
The Man of Numbers: Fibonacci's Arithmetic Revolution

齊斯‧德福林 著
洪萬生 譯

斐波那契是誰？他是如何發現大自然界的秘密——黃金分割比例，導致股票投資到美容整型都要追求黃金比例？他又是怎麼將阿拉伯數字帶入我們的金融貿易？當你打開本書，你會發現，你不知道要斐波那契是誰，可是你卻早已身陷其中並離不開他了！

RE03
溫柔數學史：從古埃及到超級電腦
Math through the Ages: A Gentle History for Teachers and Others

比爾‧柏林霍夫、佛南度‧辜維亞 著
洪萬生、英家銘暨HPM團隊 譯

數學從何而來？誰想出那些代數符號的？π背後的故事是什麼？負數呢？公制單位呢？二次方程式呢？三角函數呢？本書有25篇獨立精采的素描，用輕鬆易讀的文筆，向教師、學生與任何對數學概念發展有興趣的人們回答這些問題。

RE09
爺爺的證明題：上帝存在嗎？
A Certain Ambiguity：A Mathematical Novel

高瑞夫、哈托許 著
洪萬生、洪贊天、林倉億譯

小小的計算機開啟了我的數學之門
爺爺猝逝讓數學變成塵封的回憶
一門數學課竟外發現了爺爺不能說的秘密
也改變了我的人生………

本書透過故事探討人類知識的範圍極限，書中的數學思想嚴謹迷人，內容極具動人及啟發性。

RE06
雙面好萊塢：科學科幻大不同

薛尼‧波寇維茲 著
李明芝 譯

事實將從幻想中被釋放……
科幻電影是如何表達出我們對於科技何去何從的最深層希望與恐懼……
科學家到底是怪咖、英雄還是惡魔？

RE05
離家億萬里：太空中的生與死

克里斯瓊斯 著
駱香潔、黃慧真 譯

一段不可思議的真實冒險之旅，發生在最危險的疆界──外太空

三名太空人，在歷經種種困難後飛上太空，展開十四週的國際太空站維修工作。卻因一場突如其來的意外，導致他們成為了無家可歸的太空孤兒，究竟他們何時才能返家呢？

RE08
時間的故事
Bones, Rocks, & Stars：The Science of When Things Happened

克里斯‧特尼 著
王惟芬 譯

什麼是杜林屍衣？何時建造出金字塔的？人類家族的分支在哪裡？為何恐龍會消失殆盡？地球的形貌如何塑造出來？克里斯‧特尼認為這些問題的關鍵都在於時間。他慎重地表示我們對過去的定位或對於放眼現在與規劃未來都至關重要。

RE11
廁所之書
The Big Necessity: The Unmentionable World of Human Waste and Why It Matters

蘿絲‧喬治 著
柯乃瑜 譯

本書將大膽闖進「廁所」這個被人忽略的禁區。作者帶領我們參觀了巴黎、倫敦和紐約等都市的地下排污管道，也到了印度、非洲和中國等發展中國家見識其廁所發展，更深入探究日本免治馬桶的開發歷程，讓您跟著我們進行一趟深度廁所之旅。

RE12
跟大象說話的人：大象與我的非洲原野生活
The Elephant Whisperer - My Life with the Herd in the African Wild

勞倫斯‧安東尼、格雷厄姆‧史皮斯 著
黃乙玉 譯

本書是安東尼與巨大又有同理心的大象相處時，溫暖、感人、興奮、有趣或有時悲傷的經驗。以非洲原野為背景，刻畫出令人難忘的人物與野生動物，交織成一本令人喜悅的作品，吸引所有喜歡動物與熱愛冒險的靈魂。

國家圖書館出版品預行編目資料

光機電產業設備系統計計／李朱育等著. --
初版. -- 臺北市：五南圖書出版股份有限
公司, 2013.11
　　面；　公分
　ISBN 978-957-11-7325-2（平裝）

1.光電科學　2.電機工程

448.68　　　　　　　　　102018192

5F61

光機電產業設備系統設計

作　　者 ─ 李朱育　劉建聖　利定東　洪基彬　蔡裕祥
　　　　　　黃衍任　王雍行　林央正　胡平浩　李炫璋
　　　　　　楊鈞杰　莊傳勝　林敬智

發 行 人 ─ 楊榮川

總 經 理 ─ 楊士清

總 編 輯 ─ 楊秀麗

副總編輯 ─ 高至廷

責任編輯 ─ 張維文

封面設計 ─ 小小設計有限公司

出 版 者 ─ 五南圖書出版股份有限公司

地　　址：106台北市大安區和平東路二段339號4樓

電　　話：(02)2705-5066　　傳　　真：(02)2706-6100

網　　址：https://www.wunan.com.tw

電子郵件：wunan@wunan.com.tw

劃撥帳號：01068953

戶　　名：五南圖書出版股份有限公司

法律顧問　林勝安律師事務所　林勝安律師

出版日期　2013年11月初版一刷
　　　　　2021年10月初版二刷

定　　價　新臺幣520元

經典永恆・名著常在

五十週年的獻禮——經典名著文庫

五南，五十年了，半個世紀，人生旅程的一大半，走過來了。

思索著，邁向百年的未來歷程，能為知識界、文化學術界作些什麼？

在速食文化的生態下，有什麼值得讓人雋永品味的？

歷代經典・當今名著，經過時間的洗禮，千錘百鍊，流傳至今，光芒耀人；

不僅使我們能領悟前人的智慧，同時也增深加廣我們思考的深度與視野。

我們決心投入巨資，有計畫的系統梳選，成立「經典名著文庫」，

希望收入古今中外思想性的、充滿睿智與獨見的經典、名著。

這是一項理想性的、永續性的巨大出版工程。

不在意讀者的眾寡，只考慮它的學術價值，力求完整展現先哲思想的軌跡；

為知識界開啟一片智慧之窗，營造一座百花綻放的世界文明公園，

任君遨遊、取菁吸蜜、嘉惠學子！